罗源式畲族女子盛装"凤凰装"上装、围裙、腰带、短裙、头冠等细节

图片来源：作者自摄

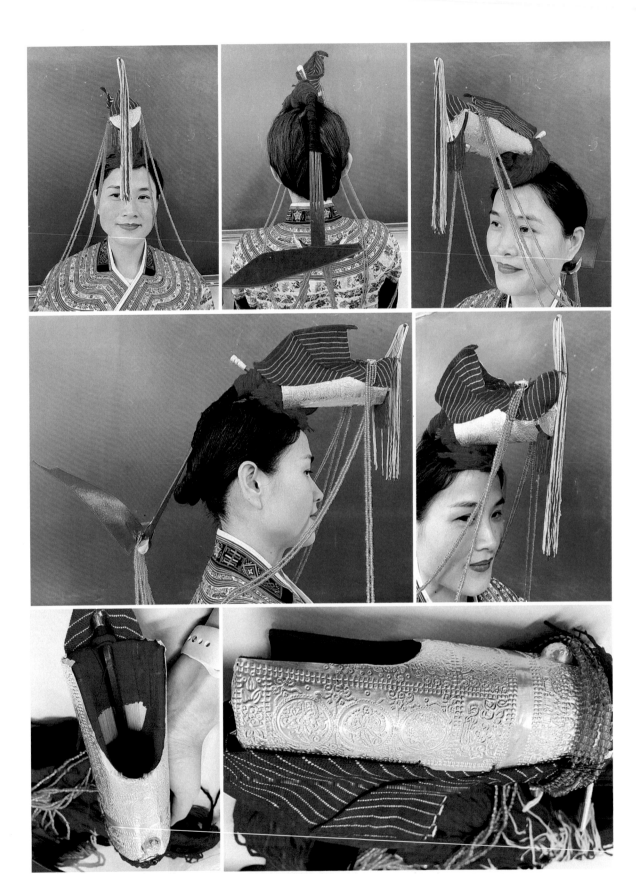

罗源式"凤凰装"畲族女子盛装头冠正面、背面、侧面以及头冠细节

图片来源：作者自摄

图中模特：畲族女子雷快

霞浦式畲族女子服饰

图片来源：作者自摄

图中模特：福建省级畲族服饰省级代表性传承人蓝昌玉

国家级非物质文化遗产畲族服饰代表性传承人兰曲钗先生传授服装制作技艺

图片来源：作者自摄

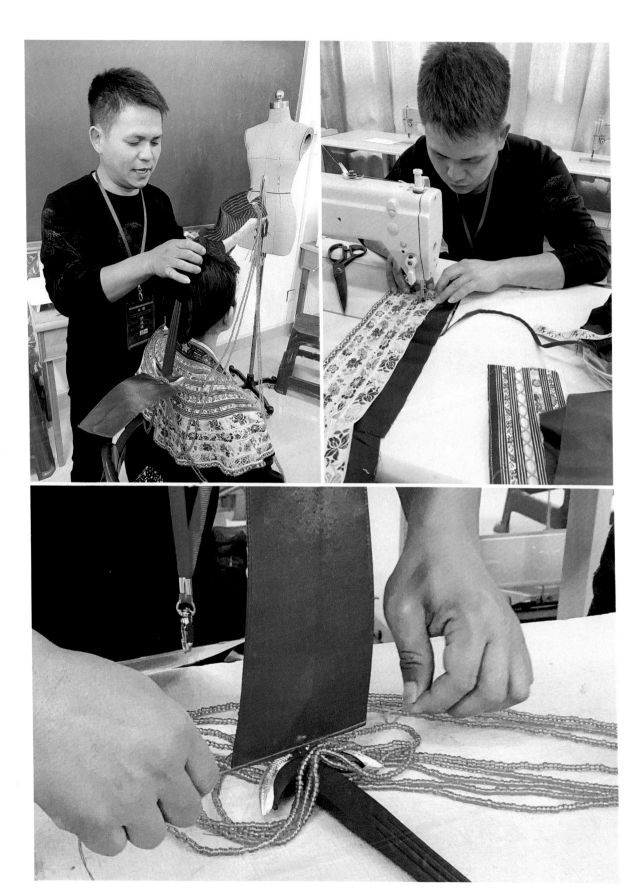

福州市非物质文化遗产畲族服饰代表性传承人兰银才先生传授头冠制作技艺

图片来源：作者自摄

畲族银饰与畲族彩带

图片来源：作者自摄

"中国扶贫第一村"——赤溪村白茶文创空间

图片来源：作者自摄

作者参加2020年中国非物质文化遗产传承人群研修研习培训计划·福建畲族服饰扶贫技艺培训班的学习

图片来源：福建师范大学美术学院研究生团队拍摄

2019年度教育部人文社会科学研究一般项目（青年项目）资助
"福建省畲族服饰制作工艺活态保护研究"（19YJC760023）

新时期畲族服饰的传承与创新发展研究

高云 著

中国农业出版社

北 京

图书在版编目（CIP）数据

新时期畲族服饰的传承与创新发展研究/高云著．
—北京：中国农业出版社，2021.3
ISBN 978-7-109-28090-8

Ⅰ.①新…　Ⅱ.①高…　Ⅲ.①畲族—民族服饰—服饰
文化—研究—中国　Ⅳ.①TS941.742.883

中国版本图书馆 CIP 数据核字（2021）第 057832 号

中国农业出版社出版
地址：北京市朝阳区麦子店街 18 号楼
邮编：100125
责任编辑：吕　睿
版式设计：王　晨　　责任校对：吴丽婷
印刷：北京大汉方圆数字文化传媒有限公司
版次：2021 年 3 月第 1 版
印次：2021 年 3 月北京第 1 次印刷
发行：新华书店北京发行所
开本：787mm×1092mm　1/16
印张：8　　插页：4
字数：300 千字
定价：36.00 元

前言 FOREWORD /////////////

　　畲族是一个历史悠久、文化底蕴丰厚的古老民族，其传统服饰具有浓郁的民族特色。畲族传统服饰的精美图案、制作工艺和独特色彩反映了畲族的社会特征、服饰美学、历史文化，展现出畲族人鲜活的个性、独特的民族精神和风俗人情。对于畲族服饰的形成、发展和演化的研究必须要结合畲族历史发展、迁徙过程和人文环境进行分析，从其族群的发展脉络上亦可探寻服饰演进发展的轨迹。

　　本书围绕"新时期畲族服饰的传承与创新发展研究"展开探讨，在内容编排上共设置七章，第一章是绪论，内容包含畲族族称与族源概述、古代及近现代畲族社会发展、畲族地区自然经济与人文历史环境、畲族人民的生产方式及物质生活；第二章研究畲族服饰的审美意识，内容囊括了畲族服饰的审美思想、风格特征、审美特征与审美价值；第三章探讨了畲族服饰制作工艺及其文化变迁，内容包括畲族服饰的制作工艺及其特性、畲族服饰的艺术特征、畲族服饰的文化变迁历程；第四章从畲族服饰的形制及其特性、畲族服饰的男装与女装、各地畲族凤凰装的形制、其他畲族服饰配件以及畲族凤凰装的文化特性与自觉改革进行阐述；第五章研究了畲族服饰中银饰的制作工艺及其传承发展，对畲族银饰的分类与纹样，传统畲族银器的纹样，传统银饰制作工艺的解读，畲族银饰文化的保护、传承和发展，以及畲族银饰蕴含的民族情结进行了探讨；第六章主要对畲族服饰中彩带的制作工艺及其传承发展展开讨论，内容包括畲族彩带的历史背景、艺术特征，以及畲族彩带在当代设计中的传承发展；第七章探索了新时期畲族服饰制作工艺的传承与活态保护，内容涵盖新时期畲族服饰制作工艺概观、新时期畲族服饰制作工艺发展现状与传承问题分析、新时期福建畲族传统服饰文化与制作工艺活态保护对策；第八章提出了新时期畲族服饰文化传承与创新发展路径，对畲族服饰中传统元素的文化内涵及其应用进行探析，探索畲族传统服饰元素在现代服装设计中的应用，探索畲族典型服饰元素在旅游服饰纪念品中的创新设计，以及提出畲族传统服饰数字化传承与保护的可能性。

作者历经多年畲族服饰文化的研究，致力于民族文化的活态保护与非物质文化遗产的发展，希望本省畲族人民能在追求民族文化多样性的同时，与其他各族人民共同产生民族共生意识，增强国家文化自信和软实力。作者于2019年度教育部人文社会科学研究一般项目（青年项目）资助"福建省畲族服饰制作工艺活态保护研究"（19YJC760023），经过一年多的田野调查、拍照取证、文献考察、走访专家，将过去撰写发表的论文与收集掌握的资料进行系统性的梳理、整理和提炼，最终撰写了本书，作为该基金项目的研究成果。此外，作者参加了由福建省文化和旅游厅举办、福建师范大学承办的2020年中国非物质文化遗产传承人群研修研习培训计划·福建畲族服饰扶贫技艺培训班，在培训过程中受益良多。接下来作者的研究重心将会向畲族乡村景观和畲族传统聚落空间等空间规划方面的问题进行倾斜。

本书在撰写过程中走访了许多专家学者，并且得到他们莫大的指导和帮助，在此表示诚挚谢意，特别感谢福建师范大学美术学院的蓝泰华副教授、王晓戈博士、国家级非物质文化遗产代表性传承人兰曲钗、福州市级非物质文化遗产代表性传承人兰银才先生给予的帮助与关怀。从本课题申报书的撰写、专家指导、申报、立项，直到目前研究成果的形成，在这两年漫长的过程中，还要感谢我校研究与发展中心、艺术与设计学院等部门领导们和同仁们给予作者的大力支持，有了他们密切的配合与尽心尽力的帮助，作者才能如期完成本书的撰写。

本书内容全面、脉络清晰，集知识性与思想性于一体，以严谨务实的态度，用通俗易懂的语言，为读者详细解读畲族文化的发展、畲族服饰的形制分类与制作工艺，以及提出了畲族服饰的传承与创新策略，对研究少数民族文化的人文社科工作者具有较高的参考价值。由于作者学术水平有限以及客观条件制约，书中内容难免有疏漏之处，希望读者阅读后能够积极批评指正，帮助作者进一步提高自身的科研学术能力。

高云于福州外语外贸学院

2020年11月

目 录 CONTENTS ////////////

第一章　绪　论

　　畲族是生活在中国南方的游耕民族，是中国人口较少的少数民族之一。畲族人在迁徙过程中，在拓荒殖土的同时，创造了绚丽多姿的文化艺术，具有鲜明的民族特色。本章内容包括畲族族称与族源概述、古代及近现代畲族社会发展、畲族地区自然经济与人文历史环境。

第一节　畲族族称与族源概述

　　畲族是我国东南地区具有悠久历史的主要的世居少数民族。

　　历史上畲族曾是一个聚居的民族，有共同的地域、共同的经济生活、共同的语言和共同的文化心理。唐末开始逐步离开粤、赣、闽三省交界地故土向北迁散。到明清时期，大部分畲族人在闽、浙、粤、赣、黔等地的一些山区定居下来，形成今天"大分散小聚居"的局面。畲族人的这一分布特点使之同周边汉族人的交往日益频繁，并且和汉族人共同为祖国东南山区的进一步开发和发展做出了重要的贡献。

一、畲族族称来历

　　畲族人自称"山哈"，意为"山客"，但是这个名称并不见于史书的记载。

　　历史上各个时期对畲族人的称呼不一致，在汉文史籍中往往把唐宋时期生活在闽、粤、赣三省交界地区的畲族人泛称为"蛮""蛮僚""峒蛮""峒僚"等。

　　用"畲"或"輋"（两字均读 shē）作为族称，最早出现在现存的南宋典籍中。例如南宋王象之的《舆地纪胜》一书已有梅州的菱禾（一种种植于丘陵旱地的稻谷）为"山客輋"所种的记述。南宋末年刘克庄的《漳州谕畲》一文有"畲族人不悦（役），畲田不税，其来久矣"的句子；文天祥的《知潮州寺丞东岩先生洪公行状》一文也出现了"輋民"一词。

　　"畲"字的来历甚古，《诗经》《易经》中就已有之。畲，旧时也写作輋。"畲"的本义是一种生产方式，"輋"的本义是一种居住方式。《广韵·麻韵》："畲，烧榛种田。"《集韵·麻韵》："畲，火种也。"輋，是广东俗字，《说蛮》中有"輋，巢居也"。"畲"既指刀耕火种的原始生产方式，也指用这种方式耕作的田地。"畲"用来称呼勤劳勇敢的山地农耕族群实在贴切不过。到了南宋中叶，畲族就有了"畲"或"輋"的族称，而且已经有了自己的文化特征和稳定的经济收入。不过对畲族的称呼在长时间内都没有达成一致，"苗"

和"瑶"还是地方史志对畲族人的称呼，而这一称呼到了 20 世纪 50 年代初期还有人使用。

1953 年和 1955 年，中华人民共和国国家民族事务委员会两次派出民族识别小组分赴福建、浙江等省调查研究畲族人的族别问题，最终得出的结论是：畲族属于单一的少数民族，拥有自身的民族特征，中华人民共和国国务院于 1956 年 12 月正式将其族称定为"畲族"。

二、畲族族源传说

很多关于畲族历史的问题至今尚没有得到解答，因为畲族人并没有发明文字，而汉族文献中只有零散的记载，所以对畲族的考古发现到现在为止仍是非常匮乏。

畲族人的族源问题，长期以来一直没有得到解决，至今尚无定论。目前学界主要说法有：①畲族源于汉晋时代的长沙武陵蛮；②畲族源于上古徐淮一带的东夷；③畲族源于上古河南的高辛夷；④畲族源于江淮土著古越人；⑤畲族源于福建土著古闽族人；⑥畲族源于古代广东凤凰山区的南蛮族。

畲族人对自己族源的理解虽然不一定是"历史"的，但却是"逻辑"的；不一定是"科学"的，但却是"文化"的。畲族关于族源的传说是畲族先民创造的非物质文化杰作，对畲族的民族心理起了决定性的作用。畲族传说表达了认同中华文化的共同心理，雄辩地说明了畲族自古以来就是伟大的中华民族大家庭中的一员，也是"龙的传人"。

畲族研究中历史疑难问题还有许多，如畲族究竟何时处在原始社会，畲族的图腾文化，畲族与汉族中的客家、福佬、疍民等民系的关系，畲族的语言等。

第二节　古代及近现代畲族社会发展

一、隋唐时期畲族的发展

尽管畲族的早期历史至今还有许多疑问没有完全解开，但是根据目前可以掌握的文献资料，学术界对畲族历史发展的大致轮廓还是有了一个比较一致的基本认识。

大概在隋朝时期，也就是公元 6 世纪末至 7 世纪初，畲族先民在闽、粤、赣三省交界处组成群体。到现在为止，此处仍有两三百个带有"畲"字的自然村落，表明在遥远的历史长河中，畲族先民早就已经聚居在三省交界的地方了。

唐以后，在汉族文化的影响下，畲族社会从原始社会跳跃式地直接进入晚期封建社会。但这一过程也是长期的、缓慢的、渐进的。大概从唐代开始至明清时期，畲族封建社会才完全确立，并且得到一定的发展，前后经历一千年左右。

二、明清时期畲族的发展

明清是畲族大迁徙和社会经济发展的一个重要时期。畲族人的迁徙从唐代就开始，到了明清，畲族人经过长期的迁徙以后，在闽、浙、赣、贵、粤、湘、鄂、皖等省的广大山区定居下来。通常来说，江西和浙江的畲族人大都来自福建，湖南和贵州的畲族人大都来自江西，安徽的畲族人大都来自浙江，福建的畲族人大都来自广东。

明清时期畲族人的大迁徙比元代更频繁、更广泛，而且线路复杂。由于在畲族人到达新的居住地之前，那些地区自然条件比较好的平川谷地都已被汉民开发得比较充分，他们只能在尚未充分开发的、自然条件更为艰苦的山区或者半山区安营扎寨，自成村落。

畲族人在垦荒造田、从事定居农业生产的过程中，大量学习汉族的先进生产技术，使社会生产力大大提高。他们还根据山区的特点，用自身长期积累的生产劳动经验，为新居住地的文明与进步做出了重要的贡献。

第三节　畲族地区自然经济与人文历史环境

为了与自然环境相适应，人类创造出了服饰，民族服饰的风格大都源自自然环境，民族服饰中的饰物、用料、色彩、形制和图案都会受到自然环境的影响，而服饰的产生和发展都与自然环境有着紧密的联系。每个地区的地理环境都会影响当地服饰的文化与形态，生活习惯和地域文化也会与所处的气候、地理环境和生产方式遥相呼应，因此，地理环境肯定会对当地的服饰产生影响，服饰会符合当地的自然环境，为生活劳作带来便利。

一、畲族地区的自然地貌

浙江和福建是相邻的两个省，地势西北高、东南低，山脉走向也是自东北到西南，主要的山脉有位于浙江的南北雁荡山、位于福建的太姥山以及位于两省交界处的仙霞岭。两省交界处的浙南与闽东北的山地丘陵地带是畲族人的主要分布区域，境内层山叠嶂，峰峦起伏，丘陵密布，正是这一片茂密的山林孕育着以游耕狩猎为生的畲族人。

浙江省的东边与东海相邻，安徽和江西在其西边，福建在其南边，江苏和上海在其北边，其位于中国东南沿海长江三角洲的南翼，全省的畲族乡（镇）有18个。浙江省畲族分布的主要区域在浙南和浙西南山区的仙霞岭山脉、括苍山脉和雁荡山脉，地形以中等山为主，间有丘陵与小面积的河谷盆地，山势高峻，连绵起伏，地势由西南向东北倾斜，畲族人多数居住在中低山的山腰或山脚。

福建省地处中国东南沿海，北界浙江，西邻江西，西南与广东相接，东隔台湾海峡，地形以山地丘陵为主，全省有17个畲族乡。福建省内的畲族人分布在闽江以北较为密集，尤以闽东最为集中。畲族人所居之处山高路险，交通极为不便。闽东的畲族人基本分布在距离海岸线60公里以内的沿海地带，这给人们造成闽东畲族人不是居住在山区地带而是海边的错觉。实际上，从闽江出海口北至闽东东北隅、瓯江出海口的沿海地带是狭窄的沿海丘陵台地，其内侧是坚硬岩体地质山地。除了霞浦县的一半县境是沿海丘陵台地，福鼎、福安、宁德、罗源、连江诸县市，大部分属于坚硬岩体地质山地。这一地域恰恰是畲族人在闽东的主要分布地带，地貌类型以高丘为主，其次是低丘和平原，山地呈零星分布。顺昌、闽侯、莆田、南平一带属于山间盆谷区，山地广大，还包含福安、宁德、古田、政和县（市）的大部以及福鼎、霞浦、建瓯、南平、闽清、闽侯、福州、连江、罗源等县（市）的一部分地区，地貌类型以山地为主，山间盆谷散布全区，镶嵌在不同海拔高程上，农田和聚落集中分布，丘陵所占的比重不大。

浙闽地区畲族聚居地，除县乡级较大的行政村外，大多数畲村都要经过曲折回转的盘山路方能达到，山路多急弯，路上常可见山石滑坡所留下的碎石土块，一些村子只有通过包车或搭载当地人的摩托方可到达，行走在路上常可见远方山顶云雾缭绕。这些地方山峦奇特，树木葱郁，多临峡谷悬崖、深沟险壑；虽溪流回绕，但由于地势原因属于山地性河流，溪水自山谷奔流而出，溪涧湍急且多险滩，水量充沛清澈。虽然风景秀丽，但是对于常年在此劳作生活的畲族人而言，地理环境可谓险绝艰难。这种深山密林的生活环境造就了畲族服饰短小精干的风格，便于山间行走劳作。与我国多数南部山区少数民族一样，畲族人服饰下装多着短裙或长裤而非袍服，浙闽一带的畲族人习惯穿着绑腿，也是为了适应山路行走。

二、畲族地区的经济生活

畲族人主要从事农业生产，山地游耕与狩猎采集并存。畲族人男女老少都参加劳动。早期畲族人的生产是在丘陵地带刀耕火种，兼射猎为生。畲族人离开时种上竹木以偿山林，不纳田税，这也是当地汉民称呼他们为畲客的原因之一。

畲族人在东南一带的分布是在不断地迁徙中形成的，在一次次的迁徙中，自然条件较好的地方已被当地人占有开发，外迁来的畲族人只能结庐深山、搭寮而居。畲族人每迁至一处，多在荆棘丛生的山岳地带落脚，用猎物和薪炭向当地人换取铁制生产工具，沿用刀耕火种的传统劳作方法开山种粮，凡山谷岗麓地带皆开辟为田地；有水源的地方则开为梯田，所种植的作物多为粟、薯、黍等。畲族新开垦的田地多为生地，土质贫瘠，畲族人通过烧山形成草木灰肥土和石灰石的方法对土壤进行改良。畲族所处的山地耕作自然条件不如平地，作物收获不丰，加上畲村大多分布在深山林区，靠近荒山野林，有野兽频繁出没，畲族人通过毒弩射杀、陷阱捕捉或组织猎户队伍以火铳捕猎，所以狩猎经济比较发达。狩猎不仅可以消除兽害、增补肉食，还可以增加经济收入以弥补农业生产收入的不足。

历史上，为了生计畲族人还从事采薪、挑担、抬轿等副业。采薪者，多为妇女，男性则从事挑担、抬轿等体力活。明末清初畲族居住地逐渐稳定，改游耕为定耕，20世纪后半期由于国家采取民族平等和民族团结的政策，扩大经济作物种植和大力发展工商业、旅游业，狩猎渐少，采薪挑担的体力活也逐渐被外出打工的谋生方式取代。

畲族所居山区矿藏丰富，有煤、铁、金、铜、石墨、石膏、硫黄、滑石、云母石、瓷土以及其他各种有色金属，故畲族人历史上有采矿采石谋生的传统，而畲族服饰上也多用五色石珠串成串珠装饰。除此之外，各地畲族人还根据山区特点种植各种经济作物，在众多的经济作物中，苎麻和蓝靛占有非常重要的地位，这两种作物一为纺织原料、一为染色原料，它们在畲族人中的普及流行对畲族人传统服饰有相当的影响力。

畲族人种植的经济作物中，苎麻种植面积占很大比例，有的畲族村由此被称为"苎寮"。苎麻是畲族传统衣着原材料，清明时种麻，立秋时收割，旧时畲族人"家家种苎，户户织布"，畲族男女所穿服装用布一半以上系自己纺织的苎麻制成。畲族人大多自备木制织布机，苎麻剖成麻丝、捻成麻绩，用于织麻布或绞麻线，自织自染自用。随着国产棉布、化纤布大量投放市场，苎麻受到冲击，种植面积日渐减少。

蓝靛学名马蓝，又称青靛、菁草、大青叶，畲族人俗称"菁"，在畲族地区有很长的种植历史。畲族人尤擅种菁，甚至一度因此获得诸多以"菁"命名的别称：明弘治以前，从闽西、闽南一带迁徙到莆田的畲族人因大量种菁而被称为"菁民"。明中叶以后，又有一批畲族人迁到闽东种菁，被称为"菁客"。明末清初进入浙南一带的畲族人搭建草寮，垦荒种菁，其草寮被称为"菁寮"。菁从明清时期就在畲区普遍种植，畲族人此时已经有了较好的种植技术，所以菁的质量得以保证。种植者将菁的叶子绞成汁后再用石灰拢成靛而成染料，染出来的布色彩鲜艳并且长时间都不会褪色，有着非常好的品质。民国之后，西方的染料和纺织品开始出现在国内市场，蓝靛渐渐退出历史舞台，种菁的畲族人开始减少，直到近现代慢慢消失。

历史上，畲族人绝大多数都从事小农生产，过着自给自足的生活，以狩猎、帮工、编织彩带和竹制品等手工业、副业为重要补充。苎麻和蓝靛的生产，使畲族服饰从种、纺、织、染到缝都可由畲族人自己完成，也决定了畲族服饰以麻为材料、色尚青蓝的传统。

三、畲族地区的民俗环境

民族的风俗习惯主要指的是一个民族在物质文化、精神文化和家庭婚姻等社会生活各方面的传统，是各族人民历史相沿既久而形成的风尚、习俗，具体反映在各民族的服饰、饮食、起居、婚姻、丧葬、禁忌等方面。民俗是一种产生并传承于民间的、世代相袭的文化现象，具有鲜明的地域特征。服饰民俗是指人民有关穿戴衣服、鞋帽，佩戴装饰的风俗习惯。一个民族的风俗习惯会在一定的地域内形成，其不仅会符合当地的社会经济和历史发展，还会传承下来。其中一些还会仪式化，而服饰正是仪式化的道具，会根据习俗严格遵守相应的规定。自然环境下生物所展现出的生活和发展的状态就是生态，生态可以与民俗结合，因为民俗有类似于生态的状态，只有在相应的人文社会环境中才可以实现发展。民俗生态环境是指人们在所处的自然环境中所形成的一切观念、生活和生产方式都会影响该地区民间和服饰风俗的形成，这也是民族智慧的集中体现。

民族服饰是在本民族的民俗生态环境之中世代沉淀，不断完善形成的，服饰习俗本身也属于民俗的一个类别，民俗生态环境从制作、穿着、审美、评价等方面影响着民族服饰，也给民族服饰提供了赖以生存的土壤和展示的舞台。服饰中的很多装饰喜好、穿着习惯正是顺应民俗而产生的，服饰本身也成为民俗生态环境中最为亮丽的一抹重彩。离开了这个环境就失去了滋养的土壤，服饰就成了离水之鱼、无本之木。

畲族的传统节庆分两部分：一部分是与汉族相同的节庆，比如春节、元宵、清明、端午、中元、中秋、重阳等；另一部分是畲族自己的节庆，主要包括三月三乌饭节、牛歇节、尝新节、做福等。这些节庆日里，畲族人盛装出行，举办歌会，访亲探友，或求福祭祖，歇锄免耕，这些民俗节庆给传统服饰盛装提供了穿着的场合感和仪式感，是畲族服饰赖以生存的生态环境。畲族特有的民族性节日如下：

1. 三月三　农历三月初三是畲族人的传统节日，由于习惯在这天采集乌稔叶子泡制乌米饭，缅怀先祖，故也称"乌饭节"。喜爱唱歌的畲族人在三月三乌饭节时也召开歌会，盛装打扮，以歌会友。

2. 牛歇节　畲族人与牛有特别深的情感，牛作为农耕时的重要生产资料在畲族人家中占有重要地位。四月初八是畲族的"牛歇节"，相传这一天是牛的生日，这天清早畲族人就把牛赶到山上去吃草，梳洗牛身，做牛栏的卫生，还以泥鳅、鸡蛋泡酒喂牛，或用米粥、薯米粥等精饲料喂牛。

3. 尝新节 在闽东畲族地区，七八月水稻开镰后即过"尝新节"。开镰收割必选吉日，把头一趟收割下的稻谷碾成米，煮成白米饭，请亲邻一起品尝新米饭，饭后还要盛一碗米饭留在桌上，称"剩仓"。

4. 做福 即祈福，又称"合福""吃福"，是中国东南汉族的习俗，畲族做福的习俗应该是来自客家。闽东畲族做福，具有鲜明的民族特色，一年四季，春夏秋冬，都要做祈福法事，期盼农作顺利、五谷丰登。正月初一至初四为"开正福"，二月初二为"春福"，立夏日为"夏福"，端午节前后（或五月三十日）为"保苗福"，白露日为"白露福"，冬至为"冬福"，十二月二十四日为"完满福"，也称"大年福"。

这些民族传统习俗共同构成了浙闽地区畲族传统服饰的民俗生态环境，对畲族服饰文化的形成和发展产生了深远的影响。

第四节　畲族人的生产方式

最初，畲族先民在闽、赣、粤交界的山区繁衍生息。当时此处"山深林木秀茂，地多瘴疠""莽莽万重山，苍然一色，人迹罕至"，在这样的生态环境中，畲族人早期从事生产的方式同整个人类早期一样，是刀耕火种、狩猎和采薪等。由于唐王朝在畲区设置郡县，实行"劝农桑，定租税"的措施，畲族人最终被迫外迁，没有土地、森林和农具等生产资料，只有刀、弩等简单的狩猎工具，只能继续从事游耕、狩猎和采集业，从而使得这种生产方式在封闭的山区得以长期延续。在迁徙过程中，有的畲族人佃租他人土地，实行牛耕水田的农业生产方式，从而逐渐定居下来。

一、畲族的刀耕火种

前文提到，畲族人自称为"山客"，"畲"则意为烧田。"畲族"的族称与畲族人的生产方式有关。

（一）畲族人火种的情景

很久以前，畲族人的农业生产经营方式主要是刀耕火种，这是我国古老的农业技术。在一年之初，当时的畲族先民带上锋利的工具，一起去砍伐山上的草木，小户人家砍伐的面积小，大户人家砍伐的面积大。同时还要砍出一条道路将要烧的草木与其他山林隔开，以免烧着整座山。等到过了一段时间、砍下来的草木晒干后，便挑一个天气好的日子就地焚烧。烧山也有讲究，一般从山顶开始点火，一直烧到山脚，避免引起火灾，火势也容易被控制，畲族人称之为"做火"和"落山火"。燃烧之后的土地变得更松软，烧掉的草木成为草木灰，是上好的肥料，而且土地上杂草的草根也被烧掉，更利于种植农作物。畲族人靠着"刀耕火种"的方式养活了一代又一代人。

当时畲族人产量最多的农作物是番薯，一亩*的产量，够他们吃半年，原因在于畲族

---

* 亩为非法定计量单位，1亩≈667米²。

人生活的地方旱地较多，因而只适合种植耐旱的农作物。据了解，番薯在明朝万历年间由吕宋传到福建一带，畲族人也是从那时才开始种植番薯。

以农为本的畲族人在祭祀活动和时令节日中均设有祈求田园世界风调雨顺、五谷丰登的仪式。长年累月的农业生产，使畲族人积累了丰富的生产经验，他们将二十四节气的农事活动编成畲歌《二十四节气歌》：

> 正月雨水便来透，作田郎子心莫愁，
> 立春过了便雨水，春天阳光满洋照。
> 雨水过了惊蛰前，天上雷公响战天，
> 惊蛰过了便春分，阳气照人好耕田。
> 春分过了清明来，作田郎子紧紧来，
> 清明过了便谷雨，田中誓忙莫相退。
> 谷雨立夏是相连，田若不布便落空，
> 芒种过了便夏至，夏至布田没个屁。
> 夏至过了小暑来，田中禾苗青苔苔，
> 六月小暑连大暑，天若不热禾苗退。
> 立秋处暑七月节，作田郎子便巧闲，
> 田中禾苗勤去管，年情若孬莫怨天。
> 八月白露连秋分，日夜长短是平分，
> 田中五谷仰定熟，作田郎子眼不困。
> 秋分过了寒露上，田中禾谷便转黄，
> 寒露过了来霜降，田中禾谷是怕霜。
> 霜降过了是立冬，禾谷收转忙冬种，
> 立冬过了便小雪，管好牛羊好过冬。
> 小雪过了大雪透，五谷收好心不愁，
> 大雪过了就冬至，办菜过节何兴头。
> 小寒大寒过年沿，天冷地冻是没变，
> 勤劳丰衣又足食，懒汉没米难过年。

一直到20世纪50年代左右，畲族人"刀耕火种"的种植方式才得以改变。为了给畲族人创造更好的生活条件，在中国共产党的领导下，畲族地区开展了土地改革，畲族人分到了土地和农作工具，刀耕火种的耕作时代到此结束，畲族人迎来了耕作新篇章。但遇到特殊情况，许多地方的畲族人也会回到山上进行刀耕火种。孩童在节假日也会跟随大人进山刀耕火种。第一年种玉米、小米，第二年种番薯，第三年植树，间种黄豆。粮食收成较好，解决了饥饿问题。

（二）畲族刀耕火种沿袭的原因

农业最初发源于采集活动，之后栽培和种植技术慢慢产生。随着生产力的发展，人们发现被火烧过的土地上作物能够茁壮成长，于是火种被发明。刀耕火种的农业生产方式由此而来。考古学家在粤东一带发现了新石器时代的农业工具，说明畲族先民们很早就使用刀耕火种这一原始的方式来开展农业生产。

据史料记载，畲族先民们早在隋唐时期就已经留下了生产生活的痕迹，由此可见，畲族是个历史悠久的民族。

无论是对畲族还是对其他民族来说，在农业生产上都经历了刀耕火种，这也是人类原始时期生产经营农业的方式。这是因为，人类需要通过采集去收集农产品或者粮食，采集是食物的主要来源，久而久之人们发现采集到的农作物有限，就开始研究如何栽培农作物。在偶然之间，人们发现农作物的种子掉在被火烧过的土地上，会长得更大、产量更好，于是开始使用火种的方式种植农作物，利用石头和木头等在当时比较锋利的工具耕作。粤东、闽南，是相对开发较晚的地区，隋唐之际还属边远荒凉地带，内地汉人不愿去。这里的畲族人过着封闭的生活，仍沿用着原始的刀耕火种耕作方式。而畲族人离开原居住地之后，每迁到一地，平坦之地已为他人垦殖，土地已为他人所占有，只能以山地过活；缺少土地这一生产资料，是畲族人一直"刀耕火种"的首要原因。

刀耕火种的农业生产方式的特点是：

1. 集体性 刀耕火种，必须依赖集体的力量、以群体的方式进行。因深山老林中自然条件十分恶劣，必须几户乃至几十户的火田，连成一片。

2. 粗放性 刀耕火种，只要有"刀"就行，生产工具简单，技术粗放，生产活动内容单一，自生自长、广种薄收。这种粗放的生产，没有广阔的空间、资源丰富的自然条件就不可能进行，能满足这一条件的只能是没有开发的山区。东南沿海山区，正好给这种刀耕火种的生产方式提供了条件。因此畲族人的迁徙方向是向北、向山区扩散，从而使刀耕火种的生产习俗不断得以延续，千年不灭。

3. 易迁性 刀耕火种是休耕式种植，火烧后的地，一般只能种三年，第二年产量最高，第四年再种则产量很低，因草木灰和泥土的肥力已基本消耗完毕，必须另辟一地，重新"火田"。畲族人迁徙频繁，他们每到一地，当地居民尚"不知其始于何时"。而且，畲族人离开故土之后，每迁居至一地，没有土地，只能向他人承包山地。当地人也正需要开发山地，于是把山让给畲族人刀耕火种，其条件是火种后"点桐""点茶"还山，或者是插杉还山，将荒山变成茶山或杉木林。也有的要交一定的山租。实际上畲族人起着拓荒者的作用，开了一山又一山。所以人们称畲族人为"东南山区杰出的拓荒者"。

4. 封闭性 层峦叠嶂、荆棘丛生的山区，与世隔绝，先进的生产方式难以进入，从而使刀耕火种的生产习俗能一直得以保持。

然而，学术界曾有一种观点却认为，畲族人长期从事刀耕火种、千年持续进行迁徙，是"民族秉性"，即"风俗说"。这种观点认为，畲族人秉性易动，刀耕火种、长期迁徙是民族的习惯、习性。此说的问题在于，历史上任何一个民族，即使是游牧民族，都有"恋故地"之情，畲族属于"安土重旧"的民族，在闽、赣、粤三省交界地长期活动的事实表明，他们非到不能生存之时，是决不会离开家园的。同时"风俗说"也解释不了为什么迁徙中有的人留下来，为什么后来畲族人停止了迁徙。

二、畲族人的狩猎活动

畲族人在山区除从事刀耕火种的原始耕作外，另一项生产活动就是狩猎。狩猎是他们主要的生产方式，直到明清时期，狩猎在整个畲族经济中仍占重要地位，仍是畲族人的第二职业，有的人甚至以狩猎为生。

（一）狩猎的对象

畲族人射猎的对象，主要有虎、豹、野猪、刺猬、山牛、山羊、鹿、狐、獐以及飞禽等，特别是一些危害农作物的野兽。

（二）狩猎的方式

从粤东地区发现的新石器时代农业生产工具来看，当时的石矛、石戈等工具主要用于捕获猎物。随着生产技术的发展，狩猎工具以及狩猎方式也有了很大的变化和发展。畲族人的狩猎方式主要有以下 8 种：

1. 弩矢敷毒药射兽 畲山有一种植物叫"草乌"，用此药汁敷箭，射兽立毙。形式有两种：一是把毒弩置在猛兽经常出没的地方，弩上系一条活动针，针上引一条线，畲语称"郎线"，猛兽路过时，一碰上这条线，活动针受震，竹箭就脱弩而出，箭矢上的毒箭即射向猛兽的身体，只要兽身破皮出血，野兽不多时即倒地而死；二是直接用毒弩射兽。

2. 竹枪杀兽 畲族人将毛竹劈成长短不一的竹片，把两头削尖，投入油锅里煎炸。等竹尖颜色发黄时，捞起冷却，使其锋利坚硬，造成竹枪，畲语叫"竹冲"。竹枪多插在番薯地或花生园里，野兽来糟蹋番薯或花生时，会被竹枪刺死。

3. 竹吊栓兽 在野兽经常来往的路口，挖个 30～40 厘米见方的小洞，洞口放一活动圈，圈沿置一活动针。而后，将长在洞边的毛竹弯下一株，在毛竹尾吊上一根绳子，绳子的另一端系在活动针上，当野兽路过这个地方时，踏到活动圈，活动针即刻弹起，野兽的腿或身躯就会被绳子拴住，由被弯倒的毛竹吊到空中，无法脱逃。

4. 囚笼框兽 主要用来捕捉虎、豹等大动物，用直径 5～6 厘米的硬木做成木笼，木笼分前后两间，前间安一块活动踏板，后间缚一头小家畜作诱饵。当野兽入笼捕食家畜时，一搭上活动板，木笼的门就自动关闭，而被活捉。

5. 陷阱塌兽 在野兽出没之处，设陷阱捕捉。陷阱的宽度为 50～60 厘米，长 2～3米，深 2 米，上面用树枝、树叶、杂草覆盖作为伪装，并放上野兽喜欢吃的香饵，引诱野兽踏上。野兽一踏上即落入陷阱，不能出来。

6. 石磕压兽 畲语称"拗"，大的叫"大拗"，小的叫"小拗"。在野兽经常路过的地方，用 100～200 千克的石板一端着地，另一端搭在扁担上，扁担下置一根树杈，树杈上拴一根活动的机关小横柴，拴上饵。野兽吃引饵时触动机关，石板即落下压住野兽。

7. 累刀刮兽 用来捕野猪等大野兽，尤其捕野猪群更为有效。在木槽上设刀，刀刃朝天，放在野猪等大野兽经常出没的路上，使野猪奔跑时撞在刀刃上。

8. 土铳打兽 是最常见的狩猎方式。畲族人一般是自制土铳，到山上挖一株树龄 10年左右的柏树，制成木杆，根留 20 厘米长，做成一个勾，作为手把。请铁匠打一根前小后大 1 米多长的铁管，后头封闭，边上留一小孔，以引火用。铁管捆绑在木杆上，就成了土铳。一般男子都有一支土铳。火药也是自制的，畲民发现山洞或居住多年"寮"中有白白的"硝牙"，就把地泥挖起来，装入木桶，用水把"硝"过滤出来，成为"硝水"，硝水在锅中慢慢煎成白粉末状，就是"白硝"，加上木炭粉，碾碎、晒干后就是土铳的火药。火药与铁砂装进土铳铁管，就是"子弹上膛了"。射击时，左手把铳勾，右手托铳身，手扣扳机，二点一线，一声枪响，野兽立毙。

以上狩猎方式体现了畲族先民们的智慧。他们充分利用地形，开采资源，就地取材，制作狩猎工具，并能针对不同兽类的生活习性采用最有效的捕猎方式。

（三）狩猎的形式

狩猎形式有单独和集体两种，以后者为主。

集体围猎时众人推荐一年事高、经验丰富、熟悉地理环境而又公正的人当"打铳头"，成员须服从其指挥。到猎点时，成员分成"赶山""守靶"几组，各尽其职。赶山的人靠精心驯养、嗅觉灵敏的猎狗将野兽赶上靶口，由守靶者将兽击中。狩猎结束，燃香鸣枪以庆丰收。

（四）猎物的分配

集体围猎的猎物分配方法是：第一枪击中野兽之猎手，得兽头及兽皮；如果第一枪虽打中，但野兽还在飞跑，要补第二枪才死的，打中第二枪者得兽颈，剩余部分人人平分；甚至没有参加狩猎的过路人，在猎物四肢没捆好之前到场，也可分得一份。参加狩猎的猎狗也分得一份。鳏寡孤独，即使未参加，也照例分得一份猎物。如果猎到的是小猎物，就拿到一人家中煮好，有酒的便拿酒来，大家一起聚食，其他人同样可以去尝鲜。这种分配形式，世代延续。

当然，畲族人狩猎时，人类社会已进入私有制时代，畲民也受到影响，并不绝对追求公平，而具有了"论功行赏""多劳多得"的意识，所以打中第一枪者和击中第二枪致死者得奖励。这样可以激励人们狩猎的积极性。这种分配原则，可称得上是效率优先、兼顾公平。

三、畲族人的采薪鬻市

采薪也是畲族人一项主要的生产活动。畲族人采薪除供自己烧用外，剩下的大部分成为商品。许多地方志记载畲族人"负薪鬻于市""鬻薪入市廛"，并遍及福建、浙江各地区。明代福建太姥山一带的畲族人，有的还以"樵苏为生"。

（一）妇女采薪活动

采薪活动多由畲族妇女从事，男子狩猎时，女子采薪；男女共同狩猎时，女子还带一挑柴回家。畲族妇女极耐劳苦，有了小孩，家中没有人带，就背着小孩上山砍柴。砍柴时，先把小孩放在草上，或者用"水巾"（背小孩用的布带，约0.3米宽、2米长）把小孩捆在树脚下，砍好柴，整好柴担，再用"水巾"背起小孩，肩上压着柴担，背上驮着孩子，把柴挑回家。

采薪都要到深山老林中去，路途较远，一般要带饭采樵，清代朱国汉"绿蒲畲家饭，红叶女郎樵"的诗句，就是对畲族妇女艰苦采薪的写照。

妇女去采薪时，头裹头巾，腰系围裙，脚穿草鞋，身缚一把草刀，手拿一小绿草包饭上山。到深山老林后，大家各自分升，避免挤在一块找不到薪柴。同时又怕失去联系，也为了便于交流进度，于是大家一边砍柴，一边唱山歌。唱的主要有砍柴歌、情歌等。

（二）畲族的"山哈柴担"

采薪的特色主要体现在劳动成果，即柴担上。平时，人们只用看柴担，不用见人，就知道是畲族还是汉族人挑的柴。畲族柴担是其他人捆不起来的，因此，人们称之为"山哈担"。捆这种柴担，是畲族人从小就学的本领，不会捆这种柴担，就会被人讥笑。柴担不好，称之为"汉老公担"。"山哈担"的特点是，柴捆成长方体，二头齐且白。所谓"齐"，就是每一根柴一样长；所谓"两头白"，就是柴两头全是刀痕，没有柴叶。前后两捆柴用一根扦担扦上，成 60 度角。每捆又分两小捆，每小捆是底面为正方形的长方体，一挑分为四捆。

整柴时，先找几根藤条，把其从头到尾拧一遍，以防捆柴时断裂；藤条小的一端多拧几遍，变成一个圈。再把一些分散的枯柴拉到一起，每根柴去掉叶子，都取一样长。藤条放在较平之处，小头有圈的一端朝人。把直的粗的四根柴放在藤条上，尤其边上的两根柴更得粗点，藤条在柴一半之处，然后再把其他的柴往上放，粗和直的一定要放两边，细的弯的放在中间。数量多少，根据个人挑的柴担定，一捆柴是一挑柴的四分之一重。这时把藤条的大小头拉到柴上，用一只脚踩在柴上把柴压实，拉紧藤条大头穿过小头的圆圈，再拧几圈，往下插进柴里，就牢固了。再用藤条把柴捆底部也捆一下。第一捆捆好以后，第二捆要反方向进行，最后两根要放粗些且直一点的柴。两捆捆好后，找一根稍粗点的藤条，放在地上，先把第一捆放上，再把第二捆叠上，同样捆起来，就成了一个长方体的柴捆。用同样的办法捆好另一大捆，这一大捆比前一大捆要重 5 千克左右，每捆柴两边的重量要差不多；捆柴时，小捆与小捆、大捆与大捆间，必须方向相反，否则扦起来的担就竖立不起来，或者竖起来不直，那时必须把全部的柴解开来重新整，俗称"翻重功"。

柴整好后，要选一根合适的柴作扦担，这根柴不能太粗，不能太细，也不能太松脆，要能负柴担的重量，并有点变形，但又不会断。长度应是一人长。先把两头削尖，再找一根齐肩长的柴，做成"担挂"，放在后一捆柴上。先扦第一捆，在柴藤上插入扦担，与柴成 120 度角，一般扦到下一小捆的中间为止。把扦担的另一头靠地，人托起柴捆，扦尖入土，这头柴捆就背起来了。再把柴背到另一捆前，一使劲，同样让扦担在柴藤上成 120 度角插入，然后抓住柴藤，把担挑起来，用脚把扦担勾起，往扦担上一挂，一挑柴就挑起来了。把柴挑到大家分手之处后，要挂在路靠山的一边。

等大家都把柴挂在一块后，便解开身上的刀，把其插入前捆柴中。等大家人齐，一起往回挑。柴捆是长方体，整个柴担又成倒草字头、"A"字形，挑起来一高一低，采薪队伍跋涉在弯弯曲曲的山路上，成为一道非常亮丽的风景线。

现时，畲族人很少采薪鬻市了，但家中炊煮大多数还是用柴薪，因此，这一特色习俗还一直存在。

例如，2019 年 9 月 3 日，宁德市第十一届全国少数民族传统体育运动会的"打枪担"节目，就是根据采薪时制作"山哈柴担"这一生产习俗提炼而来的。枪担是畲族人山上砍柴时，就地砍的一根木柴或是竹子，它是挑柴草的劳动工具，又是防身的武器。一挑柴挑起来是否省力、是否轻巧，这一根枪担是重要的因素。所以，采薪时，对枪担要反复选择，并进行认真制作。如今使用过程被升华，成为畲族人的传统体育项目，但也只反映了畲族人采薪的部分内容。如果能进行深入的挖掘，把采薪的全过程进行提炼，这个项目肯定会更加丰富精彩。

（三）畲族使用复杂柴担的原因

采薪，是人类使用火以来的共同的生产活动。起初这可谓是种本能，人们就地取材，把火附近的柴堆放在火上烧，后来用拖、拉、抱的形式运柴火，再后来采集地离用柴地越来越远，柴多数用人挑，就成了采薪。人们采薪一般带着枪担、绳子上山，用绳子把柴一捆、将枪担一插就可以了，而畲族人会制作如此复杂的柴担的原因为：

1. 经济基础决定　畲族人在离开闽、粤、赣交界地后，在东南沿海山区进行着千年的迁徙，他们每迁到一地，山林、土地已早为他人占有，只能租他人的山地进行刀耕火种，靠一把柴刀进行采薪，来维持最简单的生活。没有山林，就没有柴可砍，只能捡枯枝；如果采了青柴，一定会受到山主的处罚。近山、低山不可能有枯枝捡，只能到高山、深山里去找。即使在深山老林里，枯柴、枯枝也不可能成堆地存在，都是这里几根、那里几条。深山老林中没有什么路，也不可能把所有的枯柴、枯枝集中到一块，只能是一部分一部分地整理，一个地方整一捆，集中到一起才成为一挑柴。每一捆都要从一个地方背到另一个地方，如果不成长方体、不整齐，在山林中就无法通行。如果再事先带上枪担、枪拄，那么，背起来更不方便。在山陡林密之处，如果一手拿柴或背柴，一手拿枪担、枪拄，就无法抓住其他柴草，也就爬不上山去。

2. 商品的内在要求　畲族人采薪主要是为了鬻市，柴薪是商品，商品要求的是货真物美。买柴者对柴的要求是：一是干而不霉；二是不能太粗也不能太细，更不要带叶子的柴，因为叶子、细枝不耐烧，太粗了还得花力气去劈；三是柴要直，不直就不好塞进炉子里；四是好搬运。畲族人运来的两头白（经刀砍留痕）长方体的柴刚好适合买方的需要，每根柴都经过挑选，不粗又不细，没有叶子，分成四捆，拆开之后，搬运起来方便又不费力，放置时又不占很大空间。

3. 省力　从深山中、高山上把一担近百千克的柴挑到城镇上卖，一般要走很远的路，山上的路崎岖，有的地方甚至没有路。这种整齐的柴担，枪担的承受力、柴担的重量都已凭经验估计好，不论路多险，行走起来都较方便。

4. 美的需要　对美的追求是大众化的，而美却是靠劳动创造而来的。山上的柴枝长短不一，弯弯曲曲，大大小小，但经过畲族妇女的整合，就变成了既具有使用价值，又使人产生娱悦之感的商品。

20世纪下半叶，畲族人有了土地，可用于交换的农产品增多了，采薪鬻市逐渐减少，80年代后几乎不存在了，但畲族人多数烧饭还用柴薪，需要上山砍柴，因此，这种"山哈柴担"在畲乡仍可见。其原因除省力、美的需要外，一是它有利于保护山林，这种"山哈柴"，是到高山上捡枯枝得来，有利于保护林木资源，特别是利于保护天然林。二是此时畲族人使用的柴灶不再是大灶，而是小灶、省柴灶，都得用这种二头白的柴。三是畲族人习惯于砍"山哈柴"，传统具有相当大的力量，一旦形成，就会被传承下来。往往畲村中有人提出要砍柴，就会得到响应；人们习惯于上高山，特别是逢年过节，要准备些好柴，就要砍这种柴。村中红白喜事，不论是送柴还是帮助砍柴，也必须是这种柴。故直至如今，还经常可见"山哈柴担"。

四、畲族的佃耕水田

从明清时代起，畲族先民慢慢转变刀耕火种的农业生产方式，开始用耕作替代最初粗犷的生产方式。

（一）生产方式改变的原因

生产方式的这一巨大变化、进步是由两个因素引起的：其一，受到环境改变的影响；其二，农业生产工具发生改变。

（二）畲族人佃耕的原因

畲族人的水耕都是佃耕，畲族人开始佃耕、成为佃户的原因有两点：一是畲族人在深山刀耕火种之时，凡山谷坡地"皆治为垄亩"；有水源的地区开发为梯田，缺乏水源的地区则开辟为旱地。通过不停开垦，山区的耕地面积不断增加。再加上畲族人辛勤的劳作，原本贫瘠的土壤慢慢变得肥沃。于是山主开始将土地收回并向畲族人收取租金，因此畲族人被迫沦为佃户。二是畲族人主动向地主租土地来从事农业生产，从而成为佃农。

（三）租佃形式

佃租的习俗是先付"垫底"，租又分"定租"与"分租"。

"垫底"，就是畲族人向地主租种土地，首先要付"押金"，俗名叫"垫底"。"垫底"的多少，视土地的好坏和租额的多少而定，有十来元的，也有多至数十元的，大约是一年租额的代金，好田还要更高。如有欠租事宜，即将"垫底扣抵田租，撤佃改耕"。贫穷的畲族人要付一笔"垫底"是十分困难的，为了租得土地、拼凑"垫底"，他们要东借西贷，忍受高利贷的盘剥，而地主就剥削"垫底"的利息。货币借贷，一般是月息2分，后来逐渐加重。借贷时，要有保人或实物抵押，还要先扣去第一年利息。即便如此，畲族人还是只能租到比较贫瘠的土地，并且逢年过节还要向地主送鸡、肉等，称"租田鸡"。甚至有的地方还得服"租田工"。

"定租"又叫"硬租"。租土地时，先确定租额，租额是固定的。"定租"，一般是不论丰歉，租谷不变。另一种是"分租"，又称"做分"。即收成后按收获量分配，水田多数实行"四六分"（佃四主六），或主佃"对分"，旱地都是"倒四六分"。不论何种形式，畲族人辛勤一年所剩无几。地主用的斗又比一般的大，终年劳动尚不够交租。年景好，风调雨顺，地主加租；如遭灾，地主不肯减租，畲族人辛劳一年，颗粒无收，地主还会夺取畲族人少量的产业，使其倾家荡产，好收回佃田。有的地区还出现所谓"大批"和"小批"的租佃关系，"小批"是地主直接把土地租给农民；"大批"一般是由富农先向地主承租大量土地，然后再把这些土地分散转租给农民，这种田租额更重。

在浙江的遂昌、宣平、松阳，福建的浦城和江西的铅山、玉山等地的畲族人，还要受到二地主，即"寮主"的剥削。

交租，地主也规定了习俗，不能穿草鞋到地主家，不能坐在地主家厅里。送租到地主家，得先把草鞋脱在门外，赤脚挑进去，不然非但田种不成，而且还要挨打。

总之，畲族人租佃土地进行农耕，条件是十分苛刻的。在如此艰难的条件下，他们还是想方设法租田耕种。

（四）租佃形式带来的客观效果

租佃，这一过程客观上促进了畲族生产力的发展和整个民族的巨大变化。

1. "安居乐业" 唐宋时期，畲族先民过着游耕生活，总是不断迁徙、居无定所。农业生产方式也主要以刀耕火种为主，收成较少，人民生活较为艰苦。后来通过租地开展耕作，并使用简单的劳动工具从事生产，粮食产量得以提高，人民开始有了余粮，生活条件得到改善，然后开始慢慢定居下来。于是，每到一个地方，部分畲族先民都通过佃耕水田的方式维持生存。久而久之，在我国广东及福建一带，畲族人形成了"大分散，小聚居"的分布形态。

2. 强化了对汉文化的吸收 畲族先民原来刀耕火种，辅之以狩猎、采薪，自己种麻，种桑养蚕，捻丝捻线，织布做衣，衣食住行除换点盐外，都自给自足，很少同汉族打交道，因此汉族先进文化难以被吸收。开始租种汉人的土地后，住在山田附近，经常同汉族打交道，自然很快地接受了汉文化。如今，闽西、闽南、闽中畲族传统文化保留得并不完整，有的畲族人不会畲语，讲的是当地汉语。

3. 促进了畲族生产力的发展 历史唯物主义通过"怎样生产，用什么劳动资料生产"，将生产力区分为不同的发展阶段，并根据生产力发展水平来衡量社会经济发展水平。从最初使用石器工具到使用金属器具，生产力水平发生了质的飞跃。在这过程中，工具按简单和复杂之分和原料的不同，又可以分为不同的小阶段，从一个小阶段到另一个小阶段，都是说明了生产力在物质技术方面的进步。畲族人原来用竹木制的苞萝杖进行刀耕火种，而佃耕水田时用的是犁、耙、锄头、镰刀、田刀等铁制生产工具，这是生产力上一个质的飞跃。

畲族人根据山田块小而窄长，都是一些"斗笠丘"的特点，还对生产工具进行了一些改进。

根据山区地形及具体情况，畲族人的犁，犁角设计得更弯，犁担更短，犁座更弯曲，犁正也较低。不但犁得到改进，耙、锄头、镰刀等劳动工具也有一定程度的改进。畲族先民优化耙、锄头等的重量、材质，又适当调整镰刀、铁锯等的长度，旨在提高生产效率。不仅如此，畲族先民还通过一系列方法提高了土壤肥力。畲族人把山上的柴草运到田中，一堆堆地堆起来，上面盖上土，点火慢慢燃烧。这样每年把土烧透，一是可以提高肥力，二是防止病虫害，三是一家一户、一丘丘田分别烧，可以烧上几天，不会发生火灾。从草山烧土到田中烧草，这是一个巨大的进步。后来畲族人又发现草木灰肥料缺乏某种营养成分，于是改为以草木灰拌入粪尿，当天拌当天用，防止肥力散失。插秧时，将秧根插进水田时，刚好留下手指印，形成一个个小窟窿，畲族先民把一小团一小团的尿灰团放进这些窟窿，男插秧女插灰。灰团能压根，使秧苗不会浮起，且秧苗能直接吸收肥力，所以秧插下后三天即返青。继而用绿肥，但不同于汉族，当时汉族地区一般秋天收割稻子前撒草籽（紫云英）种子，春天长，耕后当绿肥，一年种一季稻子。而畲族人是秋天收割后，再种一季豆，豆收后冬天种麦子，麦子收后种水稻，这样一是轮作，提高肥力，防止病虫害；二是稻谷交租，麦子、黄豆两季的收成归自己，虽然一年到头一直忙碌，但有稳定的两季收成，这也是畲族人为何一直佃耕的奥秘所在。

在生产力的社会结合方面，原来畲族人使用竹简、木锄、刀等简陋的劳动工具，进行以家族为单位的集体劳动，进行简单的原始的协作，没有分工，男女老少齐上山，生产力虽然是集体的，但仅仅限于家族、氏族、本民族的狭小范围内，氏族与氏族、地区与地区之间没有什么社会联系。佃耕水田，冲破了氏族的狭小范围，扩大了社会的经济联系，这不仅加强了生产过程的集体性，而且扩大、加强了民族之间的交往和联系。

第五节　畲族人的物质生活

畲族人长期刀耕火种，采实纳毛，耕猎以自食，漂泊不定，随山散处，颠沛流离，生活极其艰辛。

陆续定居后，在穷乡僻壤"结庐山谷""赁山种植"，或当长工打短工，生活极其贫困，"无寒暑，皆麻衣"；住房是"编荻架茅为居"，阴暗潮湿，人畜一起，又脏又臭，多"不设几案"。"火笼当棉袄，竹篾当灯照"是畲族人生活的真实写照。

20 世纪初，瓦房逐渐取代茅草棚；20 世纪 90 年代有的人家盖起小洋房。20 世纪 80 年代起，大米成为主粮，取代了番薯等杂粮。畲族人保留的具有自身特色的习俗是年节打糍粑、平分食物、饮三道茶、喜食热锅等。其服饰原具有自身特色，即凤凰装，后来也逐渐消失。总之，畲族物质生活的表层文化在不断地消失，所以有必要根据"凤凰人"的特点，恢复具有自身特色的民族文化。

一、畲族的凤凰巢

畲语称居住的房子为"寮"。"寮"多数建在半山腰、山旮里，少数分布在山脚。一般选择背靠山且向阳避风有水源之地，村口寮边植树种竹，如同一个凤凰巢。

畲族大都居处在深山峡谷之中，往往聚族而居，自成村落。他们一般住草房和木结构瓦房，房屋结构与当地汉族大致相同。山区中的畲族人多在深山中搭盖极为简陋的山棚，通常以数根竹木为支柱和主架，用细竹或竹片缚成框格屋架，其上覆盖茅草、稻草等编制成的草帘片，以葛藤或细竹扭扎固定。屋墙多以细竹或芦秆编成篱笆围成，俗称"千枝落地"。定居务农后，房屋逐渐改进为土木结构。两层的木结构瓦房并不多，木板将两层楼房分为几个方形的间隔，边房和厅堂都具备，屋顶为金字塔的形状。通常情况下，室内为一厅并配以左右厢房，中间的厅堂会用木屏分为前庭和后庭，会在左右两边留小门，右边门顶供奉祖先牌位，左边门顶供奉神位，后庭饲养家禽或放置杂物等。陈设简单的卧室位于左右两侧的厢房。

畲族人大部分居住在丘陵山区地带，由于环境及生产生活条件的局限，建筑材料均就地取材。在畲族山村，以土筑墙的房屋普遍居多；整座房屋为土木结构，支撑外围的墙体用泥土夯筑，房屋内用杉木架空，形成穿斗式木结构。其中比较典型的建筑结构为：房子中间立有一柱，四面土墙，上盖青瓦，靠四根横梁"十"字形交叉于墙上，顶梁柱是整个屋架的支撑点，其造型如撑开的伞。

（一）寮的类型

筑房，是人类解决生存条件问题和安全问题的必然结果。人类的筑房方式经历了从利用天然洞穴到建造居宅的过程，畲族也不例外。畲族人的居住方式为解析人类的居住发展史提供了活化石。

1. 洞居与树居类　畲族人早期利用天然的岩洞作为避风雨、躲外敌的栖息之所。

树居需选择枝繁叶茂的巨树，上横枝为梁，树干、竖杈为柱，树丫处架横木，木上架数根木头为楼板，周围及上部用茅草或其他树叶覆盖，人上下爬树或使用梯子。后来的半干栏、干栏式房屋是对这种树居的复制和发展。

2. 草寮类 草寮是畲族人很长一段时期内的主要居住方式。广东的畲族人因在山里搭棚居住，而被当地称为"輋"民。"輋，巢居也"，将輋作为族称是出于对居住形式的考虑，"輋"的本意就是居住在山里的人。輋和畲虽然在含义上存在差别，但仍是指同一个民族以及这一民族的同一个历史时期。异称会出现只是因为用了不同的角度来记录和观察畲族在粤闽两地的生活情况。

大部分草寮的形状都为"人"字，将三到五根树杈竖在棚的中间，再将横杠架在树杈上，两侧斜着放上木条并配合小横条，最后将茅草铺上即可。

也有的草棚为"介"字形。通常以数根竹木为支柱和主架，用细竹或竹片缚成框格屋架，其上覆盖"茅蓁"草（茅草）、菅、稻草等编制成的草帘片，以葛藤或细竹扭扎固定。屋墙多以细竹或管芦秆篱笆围成，俗称"千枝落地"墙，屋内基本不设隔间，但会有管芦或竹篾编成的隔墙，门一前一后，不设窗户和烟囱。草房大约只有20平方米的占地面积，墙和寮分别高1米和3米左右，屋面有大于45度的斜坡，屋檐和地面大约相距1.5米，需低头弯腰才能出入。

茅草寮结构低矮，阳光不足，泥土地面十分潮湿。寮内陈设简陋：一座土灶，两张床铺，几条木凳或竹椅。加上人畜同居，很不卫生。因此，当年畲族地区各种流行疾病也特别严重。

3. 土库类 土库又称"泥间""土寮"，是畲族人明清之际的主要居住形式。土库比草寮更为先进，是以黄泥筑成围墙和间隔墙，架上横木，铺上竹片或小木条，垫上实土为楼。墙上竖起半截柱，再架上梁。屋顶盖上茅草、稻草、树皮或瓦片。

4. 瓦寮类 清代，畲族人的住宅逐渐向土木结构的瓦房发展，福建畲语称之为"土墙厝""木寮"，浙江畲语称之为"瓦寮"。

瓦寮、土墙厝为土木结构。四方筑墙，屋架直接置在山墙上，屋顶呈"金"字形，盖以瓦片，俗称"人字栋"，有四檐、六檐、八檐之分。为了便于对盗匪的防范，畲族村里曾出现过十檐的大厝。一厝可住20至30户人。所谓一檐，就是由五至七根木柱以连接成的一个屋架。两檐对峙竖起，上部、中部用横梁串上，就能形成巨大的屋架了。这种大厝，柱子、穿枋、过梁多达几百根，都出自畲族木匠的双手。他们不用图纸，不用一钉一铆，即能使柱柱相连、枋枋相结、梁梁相扣，四平八稳、坚固耐用、省工省料。

畲族房屋多数为"四檐厝"，有的是两檐木料加左右两侧土墙，厝里的空间为三透（庭院）。中央一透，正中用木板隔障，称为"中庭壁"，前为厅堂，后为后厅。其左右"正宫"门上各钉一个框架作神龛，称为"神堂"。厅堂内常放一张八仙桌，用于待客或过年过节祭祖。走廊处有1~2个天井，用于倒垃圾沤肥。后厅放农具或造米工具，或者作为厨房和餐厅。左右两边用木板各隔成2~3间卧房，内有小门相通，房里设床位，并置橱、箱、桌子存放衣物等。里外卧房均设有一块可以推拉的木板窗户，窗棂用圆木条组成。多数人家把靠后厅的一间卧房作为灶房。楼内地面全是自然踩成的泥地，显得潮湿。要是房屋四面都是筑土墙的，一般没有向外开的窗户，每间的窗向屋内的厅或天井开。也有的在土墙上挖一个外小内大的漏斗形窗户，只能射进一线阳光，加上常常灶烟熏漫，年深日久，住房就愈发黑暗阴沉。楼上一般不住人，只做粮仓和堆放柴草杂物之用，但会搭一晾台。夜晚，人们在晾台上捻苎线织带，乘风凉，赏月亮，讲故事，对山歌。

畲族人户户养猪养鸡。猪栏设在后厅，鸡舍在楼梯下。厕所、粪坑多用杉木造一大框放在墙外，上面盖茅草，周围围上稻草。

景宁县的瓦寮偏间铺上地板，是一种半干栏式的住宅，前一丈方间为暖间，畲语称"堂前"。堂前中间摆方桌，桌下设方形火炉，冬春季节，炉中炭火不息。桌两边是藏放番薯种的木柜，兼做凳子，用于吃饭、会客、闲聊。后一丈间铺对面床，中间空地为通往厨房的过道，照壁后无天井，一直盖到底，以礐为墙，作为厨房。楼上设谷仓、客房，中堂楼上不隔房间。其他县的瓦寮样式不同，栋柱与二步柱间隔只有八尺*，偏间隔着廊柱；走廊以马脚架下檐，不用廊柱；过间达一丈二尺，前后都较大，前间为年轻人卧室，后间为老年人卧室，很少铺地板。不设暖间，灶前设一火炉塘，用于烧火取暖，吃饭、会客在"八尺"后面进行。"出手"一般每排杜了3根。前天井较大，放中门，盖门楼。

畲族人一户建房、全村相帮，其亲邻更是责无旁贷，农闲多干，农忙少干。帮工人只用酒饭，不要工钱。这种习俗至今不衰。

5. 洋房寮类 20世纪90年代，一些先富起来的畲族人盖起了砖混结构的小洋房。针对闽东部分畲族人尚住茅草房的情况，福建省下决心对此进行改造，这项工程被称为"德政工程"。不仅建房资金得到多方筹措，且与从山上搬到山下的"造福工程"结合起来，茅草房改造后一律建成砖混房，尽量搬到公路边，内部有卫生设施。畲族人乔迁之后，村容村貌为之一新，不仅生活生产条件改变了，而且精神面貌也焕然一新，进一步激发了劳动积极性。

6. 祠堂类 定居下来后，畲村的"祠堂"由迁徙时的两只箱子，变为一座三植或五植的房子。

福建省的畲族祠堂比较讲究，特别是闽南的畲家祠堂最为华丽。闽南畲村祠堂俗称"家庙"，多为土木结构或砖木结构。通常为三开间，中轴线两侧对称，屋顶为双脊硬山式，上面铺红色或灰色板瓦。屋脊末端翘起，踞有鸱尾，脊身重彩。有的古色古香，有的金碧辉煌。内部结构完整，由下厅、下房、角间、天井、大厅、后轩、大房、后房、五间、五间后等部分组成。大厅设祖龛，厅前有辇桥。有的家庙还有护厝，厝内设天井和小房间。

漳浦市石椅村的"种玉堂"蓝氏家庙是闽南著名的畲族风格祠堂，取名为"种玉堂"是取"蓝田种玉"意，意为蓝氏"祖宗积德，钟毓英才"。内之楹联云："种义耕礼念祖宗聿修厥德，玉荀兰芽愿子孙长发其祥。"

闽东、浙江的祠堂初时为三植房，后来建的一般为两进，分前后座，后座高于前座。前座设戏台，后座放祖龛，两侧有回廊，中间是天井。两进皆单檐悬山顶，悬山顶下设腰檐。一般为土木结构，也有砖木结构的。

（二）畲族人寮居的原因

中国的传统住房早在春秋战国时就已经有了基本的结构，先民们多将砖、瓦、木、石用于建筑。而茅草寮之所以会成为畲族人的长期住宅，是因为以下两点原因：

＊ 尺、丈、寸均为非法定计量单位。1寸≈3.33厘米；1尺≈33.33厘米；1丈≈3.33米。——编者注

一是长期从事刀耕火种的生产方式，种子落泥之后，为防兽害，就必须在山上搭棚看守，此时，往往要利用天然的岩洞和大树作为栖身之处。

二是长期处于迁徙过程中，每个地方住上3～5年就走，没有必要盖结实的瓦房。这从畲族人以前的房子屋柱没有基石这一点得到充分的证明。不用石基，表明自己是客人，只是临时居住。

（三）寮的特点

建筑是能够生动、完整、全面地体现出人生的客观事物，是凝固的人生。畲族人在居住上所体现出的民族特征仍然可以从并不先进的住宅上体现出来：

1. 具备血缘性 血缘性，体现为聚族而居。畲族人以自然村为单位，聚族居住。自然村以血缘关系为纽带建立起来，大多是同姓同房为一村。同村不同姓，则不杂居在一起，如浙江云和县雾溪畲族乡平阳岗村，雷姓住雷岗，蓝姓住蓝岗。有的村一家单独一座房子，这是由于山岙、山腰没有大块的平地，只好分开建层。但平坦地面上的房屋都会连成一片，而且全部相通，全村的人都聚居于此。位于畲村最中间的房子被称为"土库"，通常是最矮的也是最早的房屋，然后慢慢向四周扩展，从中能看出家族的不断发展。

畲族人的"大分散、小聚居""聚族而居"，不但反映了民族的向心力、凝聚力，同时也是环境造成的。因为，封建社会长期实行民族歧视、民族压迫政策，民族隔离的存在，使畲族人聚族而居。

2. 具备实用性 岩居、树居是人类最原始的居住方式，但对刀耕火种、狩猎经济的畲族人来说，是非常实用的，也是非常适用的。南方的山上多有岩洞，就地取材非常方便。树居不潮湿，而且看守农作物时视线好，荫蔽性更好，野兽看不见人，而人可以看得见野兽，便于狩猎。土库虽然四周是土，但冬暖夏凉，而且可以防火，可称得上是当时最先进的保险箱了。瓦房柱梁一般没有雕刻和装饰品，也没有其他添加物，美观大方、朴实无华。寮实实在在地起着避雨、挡风、挡太阳、防寒的作用。

3. 具备安全性 树居很安全，能保护居民不受其他动物的伤害。土库和早期的瓦房，除了开一个大门供出人之外，一般四周不向外开窗，即使有窗也很小，且都向着内部的天井、大厅开，起防兽、防盗、防匪的作用。

4. 受汉文化影响 瓦房的建筑，畲语称"起寮"，其式样、建法均吸取了汉文化风格，有的甚至全盘搬用了汉文化。建房，先要择一黄道吉日定基，即在厅堂位置埋下二块"合砖"，以定坐向，然后平房基，木匠先"驾马"，开始劈料（福建称"扶檐"，浙江称"串拼""树拼""上梁"），搭一座房屋的空架，上披一层薄薄的瓦片。之后完成筑围墙、加板壁、铺楼板等工序。一般一座房屋得用3至5年时间完成，有的二至三代人才建好。

"扶檐"即上梁。上梁时辰一到，鞭炮声不断。众人扶起事前劈好的大梁，放到合适位置。整座屋架搭好后，亲戚朋友要送上红布和稻谷，放到梁上，称"压梁"。东家把亲友送来的对联贴到柱子上，在屏中挂起"紫微銮驾"四字，又备一个竹制米筛，筛内悬剪刀一把、尺子一把、镜子一面、秤一杆、丝线若干束，此举称"压风水"。接着，备酒席，称"扶梁酒"，东家宴请木匠和帮工的亲友，以及前来祝贺的亲戚等人。

（四）构筑新居

如今，畲族乡村同其他的村镇外观相差不多，只是房子比其他乡村矮点、少点，村镇建设速度慢点，给人的感觉是正在发展之中。每个村镇几乎都同南方多数村镇一样，坐落在小盆地的中间，建设方式也一样，或是把旧村镇街道拓宽，或向交通方便的方向发展。不设族徽，也没有族标。畲族民族特色文化得不到彰显。

想采取有效措施，迅速改变这一状况，可以考虑把畲族村镇建成"凤凰巢"。作为"凤凰巢"的畲族城镇，其设计除了同一般城市一样，起点高、环境优美之外，整个城镇从不同视角看，都要像凤凰。其布局正面看应像凤凰；鸟瞰之，最高建筑之顶为凤凰雕塑，其他屋顶是装饰；城镇中心广场设凤凰雕塑。城镇的每一个组成部分、每一座建筑既是全镇大凤凰的组成部分，又是一个独立的凤凰。凤凰应既是畲族的族徽，又是市徽、镇徽。同时可以把凤凰观念贯穿到每一生活环节中，如宴席中必有一道凤凰菜等，让凤凰冲出山区、走向世界。

二、畲族人的热食熟食和均分食物

民以食为天，饮食在人类生活中占极为重要的位置。没有地方住、没有衣服穿，人可以活，但人不可能没有食物而活下去。饮食在满足人们填饱肚子需要的基础上，随生产力的发展，形成一定的规范，传承下来，变成了饮食民俗。也就是说，饮食不仅满足了人们的生理需要，而且也因此具有了文化内涵。

畲族人长期游耕，"种粟种豆以为食"，在历史上虽也租水田种水稻，但种的大米基本上被地主榨取，畲族人一年四季以杂粮为主食，许多时候是"糠菜半年粮"，有时要采集百合、苦益菜、竹米、山皇后、土茯苓、山蕨、贯众等充饥。

人类早期是经历过茹毛饮血的饮食阶段的，但从所见的文字资料中，没有找到畲族人有茹毛饮血的生食习俗的记载。南方少数民族早期的食俗是"不火食"，而畲族人习惯于熟食、热食，这是畲族与其他少数民族的一大区别。在畲族人家，不论是冬天还是炎热的夏天，他们吃的都是热气腾腾的饭菜。熟食、热食是畲族人饮食的最大特点，并作为传统一直传承下来。

对番薯主粮，他们一般会熟食、热食，很少冷食、生食，因为畲族人认为冷食番薯有"作酸"的味道，并会伤肠胃；甘薯也有"鲜食"的，但鲜食不是生食，而是指青黄不接之时，提前挖掘甘薯充饥，小块的煮熟吃，大块的切块蒸或焖熟吃。番薯收获后，一般是用"甘薯推""甘薯刨"制成丝，放在竹上晒干，储备起来常年食用。食用时或煮为稀饭，或蒸为干饭。蒸薯丝饭，是先把番薯丝放在开水锅中煮至半透，捞起沥干，放入"饭甑"（一种蒸饭的木桶，底部有缝），隔水蒸，等饭甑大量冒气时，饭就熟了，可以趁热吃。

制糍是畲族的传统，逢年过节或是办喜事都会用到。畲族人会用"今年有糍做啰！"来代表丰收和喜悦之年。蒸年糕在汉族文化中寓意着年年高升，而制糍在畲族文化中则寓意着"时（糍）来运到，生活年年（粘粘）甜"，都是美好的心愿。因此，畲族人常会在婚嫁诞辰时制作糍团，走亲访友时也会蒸饭制糍，共同庆祝。在男女盘歌中获得胜利时，也会制糍来庆祝。糯米成为山区待客的重要粮食，将糖和芝麻撒在圆球状的糯米上，寓意着"蒸蒸日上""甜甜蜜蜜""团团圆圆""热气腾腾""芝麻开花节节高"。

畲族人种的菜蔬种类同汉族差不多，但喜欢热吃。畲族人家家户户备有小风炉，一般为泥炉，也有少数是铁炉。风炉置于桌中间，生以炭火，架上小铁锅或小铜锅，水开后，青菜等现煮现吃。大锅炒好的菜，也要再放到小锅上煮。请客、摆酒席等时，一道道的菜上桌，再一道道地倒进小锅里煮。请客人吃饭，或家中人较多，就要磨豆做菜，把黄豆放到水里浸涨，用小石磨磨碎，煮熟就成"豆腐娘"或叫"豆腐心"，调上姜、辣椒、葱、蒜，然后放到火锅上，边煮边吃，比豆腐方便，味道也好。山区全年有三分之二的时间使用火锅，有老人的家庭一年四季都使用火锅。

畲族人喜饮红曲酒。在过节、过生日、举行红白喜事时，请人帮工及待客全用红曲酒，喝时也是加热到烫口再饮用。秋冬季节，畲族人多在做玉米饼或煮番薯时，锅中间放一壶米酒；等饼煎好或番薯熟时，酒也烫好了。热气腾腾的番薯、玉米饼，配上烫口的米酒，别有一番风味。

如果是数量有限的食品，或者是上好的食物，如煮一只鸡、烧点心面条之类，就在热锅边进行平分。平分食物总是由年长的女性进行，多就多分，少就少分，"有事大家做，有食大家尝"，老幼、主客无别，人均一份。小儿也有一份，由母亲代吃。

熟食、平分食物的习俗，在酒筵上也能体现出来。主人会当桌发给每位客人一张荷叶，让客人包肉回家。这熟肉相当于主人的回礼，但不能回赠生肉，于是用半熟之肉，以便于携带；这也是在平分食物：一人赴宴，只是一人尝，而肉带回家之后，可以全家尝。

总之，畲族人在饮食方面最大的习俗是熟食、热食，尤其喜热食。

熟食、热食也是中国饮食习俗的一大特点。熟食、热食使食物可口、易消化、易吸收，利于生理器官的进化。同时古代饮食同聚会的地方是统一的，都在住宅中间，二者相合在一起，就形成了分食制。因此，畲族人的实行熟食、喜吃热锅、平分食物是中国古代饮食习俗的遗风。同时，饮食文化作为一种社会习俗，是由社会物质生活条件所决定的。畲族传承、弘扬分食、熟食、热食的饮食文化，也是由畲族人生活的多山的地理环境和群居的生活方式所决定的。

三、畲族人的饮茶文化

茶在世界三大饮料中占有一席之地，畲族人更是将茶比喻为"神汤"。畲族人觉得提神、祛病、解渴、清目、健身都是茶的功效。畲族有"日不离茶"的习惯，也有"无茶不讲话"的风俗。他们逢年过节都会喝茶，例如"春节茶"在春节时候喝，"出行茶"在正月出行时喝，"送神茶"在十二月喝，"清明茶"在清明时喝。而且订婚时需使用"茶礼"，新人在结婚时要"食蛋茶"，并将"九节茶"敬给母舅。"擂麻茶""打油茶"都是礼俗。畲族人喝茶时要喝三道，这也是他们独特的饮茶方式，被称为"饮三道茶"。

（一）畲族的茶饮之道

"饮三道茶"，作为习俗，首先表现在招待客人上。凡客人一到，或左邻右舍来串门，畲族妇女就含笑相迎，热情招呼客人到厅堂落座，"人客落寮就泡茶"，用泥壶烧山泉水。主人一边烧水一边洁净茶碗，放入自种自制的"细茶"。有几个客人就准备几碗，不多也不少。茶壶水沸，主人把壶提起，轻轻朝外吹掉壶盖上的火灰，将水高高地冲入茶碗，茶叶在碗中团团打转，茶香四溢。第一次冲水，水不能太满，只能四五分，片刻，茶叶就沉入碗底。畲族人认为，不开或是"停汤"（水开后过一会的水）的水是不能泡茶的。等茶叶沉底、茶水能进口时，主人就双手端碗，向来客敬茶，说声"人客，食（喝）茶"。凡到畲族人家喝过茶的，无不赞道"好茶，好茶"，并认为胜过其他名茶。第一道饮毕，主人又用沸水冲第二道茶，水至八分。第二道茶主人不再敬，由客人自己端，要求客人认好自己的茶碗，不能端错他人的茶。如有错端，不但失礼，且被认为没有修养，所以主人会提醒客人不要端错。喝完第二道后冲第三道。客人走时，主人就还把茶水往其脚后跟泼去。当然，三道茶不等于三碗茶，一道，就是一次，一次喝多少，那是主随客便了。第三道茶，一般是要喝，也有的地方不一定要喝，主人已冲过了，喝不喝，也是由客人自定，因"一碗苦，二碗补，三碗洗洗肚"。如果客人口渴，或是交流时间较长，客人喝了三碗之后还要喝，则不管茶味浓淡，主人一概倒掉，重新放茶叶再泡，泡好后由客人自端。

　　婚礼上的"喝宝塔茶"也是喝三碗茶。当迎亲队伍进门之后，"亲家伯"作为男方代表会用杂技的形式喝茶。亲家嫂会将中间三碗、上下各一碗的宝塔形的五碗热茶放在红漆樟木八角盘上端出来，让"亲家伯"喝。

　　自己家里喝茶也会饮三道，不过较为随意，但要先敬长辈。

（二）畲族饮茶的渊源

　　茶是我国的特产，茶的故乡在中国，中国西南的川、滇等地是世界上最早发现茶树和应用茶叶的地区。茶，历史上经历了先药用，后用于做菜，最后变为饮料的过程。大约在秦汉之际，民间开始把茶作饮料。

　　景宁敕木山的惠明茶，茶芽密大，色绿气香，滋味鲜爽，耐于冲泡，当地茶农还有"一杯淡，二杯浓，三杯胜一杯，四杯味原在"一说。加上畲族人有一套精细的制茶技术，这种茶叶享有盛名。1915 年，在旧金山举行的庆祝巴拿马运河通航的万国博览会上，惠明寺村畲族妇女雷成女夫妇种植、制作的茶叶，获一等奖证书和金质奖章。其他畲山也早在唐初就开始种茶。驰名中外的政和工夫茶、坦洋工夫茶、白琳工夫茶，都出自畲族聚居地，在国际市场中负有盛名。宁德天山绿茶、茉莉花茶，制作工艺精细，在国内外市场上盛名远扬。广东畲族人种植的"洪崉茶"，品质优良。凤凰山区的凤凰名茶远近闻名，与畲村石古坪的乌龙茶并称"凤凰两秀"，列为全国名茶，素有"中国奇种"之称。

　　畲山有好茶，是与畲山的地理环境分不开的。畲族居住的东南沿海山区，属于亚热带气候区，四季分明，无霜期长，空气湿润，雨量充沛，土地肥沃，适宜茶叶的生长，有利于茶叶自然品质的提高，所以畲山产生了许多的名茶。

（三）畲族饮茶的习俗科学

　　畲族"饮三道茶"的饮茶习俗，是中国茶文化的一个组成部分，而且比较科学，饮茶效果也好。这具体表现在以下五个方面：

　　一是茶具较好。茶习形成之后，人们就很注重茶具，陶制茶具随着我国陶瓷业的发展而不断发展，还有不少茶具是用铜、银、金、锡等制作而成，种类极为丰富，美不胜收。但人们基本上只在饮具上下功夫，很少注意另一个重要的问题，那就是烧水之具。以前多数人是用铜器盛水烧水。畲族人大多买不起铜壶，即使有铜壶也不用，因铜壶烧水有铜味，家家户户基本上用泥壶烧水，这样没有任何的异味。畲族人认为福建的黑瓷、浙江龙泉的青瓷茶具适合于饮茶，虽是大碗，较粗糙、不精细、没有装饰，但质地好。

二是水好。好茶还需有好水。沏茶用泉水为上，几乎古人都赞同这一观点。我国的茶叶相关专业人员，做过不少的实验，也证明古人的观点是正确的。畲家用的是自流水，山上的泉水不过水管，而是经沙沟进屋，一直流动，是活水、软水。用这种水泡茶，当然好喝。

三是现烧现冲。冲茶之水以现烧现冲为好。烧好存放的水，会自然降温；将水长时间保持在100℃，又会造成对水质的破坏。

四是用沸水冲茶。为保持茶叶的色、香、味、形，泡茶的水温及冲泡的时间也是人们研究的一个问题。泡茶之水，不可不开，但又不宜沸滚。

五是茶较淡。喝茶有利于身体健康，但不是越浓越好，喝浓茶利少弊多。那种多次炒、煮的方法，能煮出茶叶绝大部分的成分，但过于浓，并不一定科学。当然，畲族人居住在东南沿海，茶淡一点也适合这个地区的饮食习惯。

总之，畲族人"饮三道茶"是合乎科学的，是对千年实践经验的一种总结。

（四）畲族饮茶的传承原因

畲族"饮三道茶"习俗传承的原因如下：

1. 珍惜劳动成果 畲族人认为茶叶来之不易，一定要珍惜。畲族人长期处于迁徙之中，没有土地，不可能种植茶叶。不少人要采山茶，更多的人则靠帮汉民采摘茶叶，取得一点茶叶作为酬劳。还有的人砍柴卖掉后，会买点茶叶。茶叶要经过很多道的手续才能制成，种茶、采茶、制茶，要花不少的工夫。就拿制茶来说，传统的手工制作，要灵活运用"抛、闷、捞、抖、带、甩、搓、抓、理、拉"等多种手势。白天采茶，晚上炒茶，都要全家一起干。烘干要一整夜，所以夜里还得起来翻几次，一夜不得安宁。在产茶区，所制茶叶的精细程度往往也成了衡量一名妇女是否能干的一项标准。

2. 朴实真挚 茶成为饮料后，饮茶变为一种习俗，成了相互交往、增进友谊的象征。向客人敬一杯茶，是中国人最简单也最普通的待客方法。畲族与很多民族一样，崇尚朴素，在饮三道茶上也有同样的表现。也就是说，畲族的"饮三道茶"没有"雅化"。中国的其他茶俗中也有"饮三道茶"，但被"雅化"后讲究"三道茶—道茶不饮，只是表示迎客、敬客；二道茶是深谈、畅饮；三道茶是表示主人送客人了"。在这里，茶的自然属性和功能已经与社会人际关系、交友之道巧妙地结合起来了。因客初至，交谈不深，茶也尚淡，仅表示敬意而非真饮。待谈之洽，情亦笃，茶也浓，细斟慢品，便畅饮以尽其谊。谈既洽，茶泛薄，罢茶饮送客，已在情理之中。"品茶"不仅仅是为解渴、提神，更在于神思遐想、领略饮茶情趣。而畲族人的"饮道茶"就没这么复杂了。茶能解渴，能提神，且能补身，所以畲族人希望来客多喝茶，喝好茶，看到客人把茶中的营养全喝下去，心里就会很高兴。但他们对此没有多余的话语，一切都在"三道茶"之中。

四、畲族的饮酒文化

酒也是畲族不可或缺的饮料。"畲族人嗜酒"被记录在与畲族饮食习俗有关的资料里。酒是畲族人生活中的一部分，无论是节庆还是农忙都会喝酒。在畲族人家做客，主人一定会双手奉上一碗香气浓郁的"米酒"。

（一）畲酒的制作工艺

畲族人喜欢饮酒，也更善于酿酒，有着悠久的酿酒历史。客家人的酿酒技术就是从畲族人处习得的。被畲族人称为"土莲香"的草药是其最早用于酿酒的原料。

如今，畲族人酿酒，分两步进行，先是制糵，再用糵酿酒。制糵，畲语为"做酒米糵"，有用花草发酵的，也有用"酒脚"，也就是酒缸底不清的部分，与米粉一起发酵、制成"糵娘"的。将早米浸泡一天，捞出蒸熟，倒在地上摊开，待不烫手时，用糵娘拌米，拌到米不结团，每颗米沾上曲娘为止。然后，把曲米堆成一堆，用布袋等将曲米盖好。约一昼夜后，曲米发烫的（不能等到曲米冒烟；但也不能太早，如果没有发热，说明发酵得不够，也不能做成酒曲），立即把曲米装入筐内，放到淡石灰水中浸泡一下，干后倒在地上，再次发热时，把曲米慢慢地摊开，第二天再浸泡石灰水，反复三天，曲米变白，七天后变红，酒曲就成了。这是红曲，黑曲与绿曲的制法相同，只不过是曲娘的颜色不同而已。

酿米酒时，将自产的糯米浸涨，用饭甑蒸熟，称"糯米酒饭"，倒入缸中，拌以自制的酒曲，加水发酵。曲与米的比例是"加二"或"加三"。"加二"，就是一斗米掺二升曲，酒的浓度较低；"加三"，就是一斗米掺三升曲，酒的浓度较高。水与米的比例，小缸是一比一，大缸是一比一点五，米为一。如果要早点出酒，那么要用开水，因开水制出来的酒已是"熟酒"，不用烧开，只要热一下就可以喝；而且水和米饭的温度要高一点，以40℃~50℃为宜，这样三五天就能酿出酒来。一般用生水，水与饭拌好后的温度在30℃左右，水比酒饭高出20厘米左右。等24小时左右，饭涨至看不见水，便要进行"开缸"，也就是用木棍把酒饭搅拌一下。"开缸"的时间是酿酒的关键，搅早了，难以发酵，做不出酒；搅晚了，酒饭面出现大隙缝，那么做出来的酒就是酸的。

畲族人在农历十月份会酿制"十月缸"，这是他们最喜欢的酒，因为此时糯米收获了，天气也不冷，适宜酿酒。每家人基本都会做一缸，并用小坛分装，到了第二年春耕时，畲族人会将最好的"缸面清"给帮工饮用，剩下的则会留到春节。自己平时饮用味道较淡的"二老爷"，因为这是第二次加水酿制的。

"药酒"是用草药煎水酿制的酒，"加饭酒"是用酒酿制的酒，"麦酒"是用麦子酿制的酒，"早米酒"是用早米酿制的酒，"番薯酒"和"薯酒"都是用番薯酿制的酒。

（二）畲酒的独特功能

酒在中国的饮食中占有重要的地位，也在一定程度上代表着奢侈。畲族人并没有较高的生产力，过去温饱都是问题，但畲族人仍旧喜欢酿酒，因为他们认为酒有很多功能。

1. 酒可以改善食物结构 番薯和玉米是畲族人常年种植的作物。他们的食物种类较为单一，玉米饼很硬，而成片或成丝的番薯味道并没有新鲜番薯的味道好，吃多了就会有些难以下咽。此时喝水又显得寡然无味。聪明的畲族人便将番薯酿造成酒当作饮料，增加饮食的味道。粗糙的食物因为酿成的酒而变得更加精细且容易消化，酒让饮食结构发生了改变。

2. 酒可以消毒调味去腥 畲族人常常狩猎，而野兽与人工养殖的动物有很大差别，不仅味道腥，甚至还会有微量毒素。而畲族人认为酒不仅可以去腥调味，还可以杀菌消毒，因此常会用到。

3. 酒可以御寒祛湿壮神　　畲族人会在高强度的体力劳动之后用喝酒来补身体。在劳动过后饮上一杯黄酒，可以补足精神、消除疲劳。因此，每家每户都会在农忙时节喝最好的酒。尤其是药酒，具有补气、安神和活血的作用，喝后可以补身体。有的药酒还可以祛风去湿。畲族人在天寒地冻的冬天还要上山下地，出门之前可以喝一碗令身体发热的薯烧酒，回家之后再来一碗，则可以驱除寒冷和疲劳。若疲劳过度，畲民会将两个鸡蛋打进加热到大约 50℃ 的黄酒中，搅拌之后制成"卵丝酒"，喝完就可以温暖疲惫的身体，起到养气补身的作用。

4. 酒可以联络交往怡情　　在人际交往的过程中，酒扮演着重要的角色，可以沟通感情。畲族人并没有精致的主食，所以很少会请客，但在酿酒之后就会说"我家酒已经酿好了，请来喝上两碗吧"。去别人家做客，如果主人要留人吃饭，客人通常都会拒绝，但如果是请人留下喝酒，那客人就会非常乐意。

主人会在喝第一碗酒时说："酒是体个（自己）做的，请品尝。"然后再说："酒淡不成敬意，一碗联友谊，二碗祝如意，三碗庆丰收，多喝几碗，延年益寿。"在喝酒的过程中主人总会说："没有菜，酒多喝一碗。"畲族和汉族的酒文化中，都会想尽办法让对方喝多一点。喝酒时，从最开始的"甜言蜜语"到最后的"豪言壮语"，人们会畅所欲言，彼此间的关系也就更加亲密。

5. 酒可以营造喜庆氛围　　酒在逢年过节和办喜事时也扮演着重要的角色，缺少了酒就缺少了味道。礼仪习俗中也少不了酒，过生日的时候需要"生日酒"，建房的时候需要"树寮酒"，上梁的时候需要"上梁酒"，定亲的时候需要"定亲酒"，娶亲的时候需要"讨亲酒"，嫁女的时候需要"嫁女酒"，婚礼完成后需要"佳期酒"，祭祀祖先的时候需要"祭祖酒"，人死后需要"讨位酒"。宴会上，所有人兴高采烈地聚集在酒桌周围，以酒抒情，让喜庆的氛围更加浓烈。

第二章　畲族服饰的审美意识

审美是人类能够领会或鉴赏物品、风景或艺术品等的美，且理解世界的独特表现，是人类与社会构成的不被金钱左右、生动且感性的联系。本节主要讲述畲族民族服饰的审美观和其服饰的独特性以及畲族服饰本身的审美特质和审美意义。

第一节　畲族服饰的审美思想与风格特征

远古社会，人类对于服饰的需求首先是要能够遮体防冻，其实际使用价值为首位的。伴随人类文明的进步，人类对于服饰的需求不再局限在实际使用价值上，转而更多关注其审美价值。随着社会环境发展，不同民族有了其特有的民族服饰，这些独特的民族服饰正是不同民族审美观和审美价值的体现。所以，对于畲族服饰的审美价值探究，是为了进一步了解其服饰内在意义，也是为了见证独特的民族自然美。

一、畲族服饰的审美思想

（一）"盘瓠传说"带来的影响

畲族服饰在漫长的社会历史变迁中不断发展变化，这些变化向人们无声地吐露着畲族人在历史进程中所经历的政治动荡、经济发展、文化浸染等。从原始时期到宋元之际，畲族人一直都以无赋无役的状态进行游耕生活，在唐高宗年间（650—683 年），畲族人的崇祖意识进入了自由发展时期，"盘瓠传说"逐渐演变为凝聚族群、维持族内团结、反对封建压迫的符号。随着封建统治力量在南方的进一步加强、经济重心的南移，畲族被开发的地区越来越多，游耕的地区越来越少，因官府的各类政策，畲族人被编入户籍，在迁徙沿线定居，畲族人的农业生产方式也逐渐变为定耕，这个时候的盘瓠传说对人民依旧有很强的现实意义，一是使人们在心理上得到一定程度上的保护，二是在赋税劳役方面，作为少数民族也可以得到一些减免。这种浓厚的崇祖思想在畲族延续多年，不管是出于精神需要还是现实需要，都深深植根于畲族人的内心之中，这在畲族习俗和畲族服饰上都有着鲜明的体现。

（二）儒家思想带来的影响

农耕生活的稳定发展，让畲族人和本地其他民族，尤其是汉族人逐渐融合，其民族文化和服饰穿着也随之有了些许改变：畲族人逐渐将自身传统和汉族文化融合，并且在政治和文化方面逐步与汉族保持一致。在封建环境下，社会主导思想和价值意识的变化对畲族人产生很大冲击,此后的畲族民众在自家家规中为子孙后代制定了很多带有儒家思想的规范章程。

（三）生活环境带来的影响

畲族人从古至今一直生活在闽浙赣交界处,这些地方大致相当于今天福建省的宁德、福州、南平,浙江省的丽水、温州,江西省的上饶等六个区市。在南宋时期,随着政治和经济的重心南移,北方汉族人大批南迁;到了明清时期,闽东地区已经开发得十分充分,许多畲族人只好到自然条件更为艰苦的高寒地区开山辟田。垦荒种田是畲族人最基本的谋生手段,他们主要种植的是在山区易存活的禾稻、蓝靛、苎麻、甘薯等。

明代以来,东南沿海的纺织业有了很大的发展,对蓝靛的需求激增。因社会生活的需要,而且种植青靛获利颇丰,闽东畲族大量种植青靛,一方面用于售卖,另一方面也作为本民族服饰的染料。由于气候和土质的原因,福建和浙江广袤的山区成为苎麻的理想家园。苎麻纤维细长,平滑而又有丝光,质轻而拉力强,吸湿易干又易散热,染色容易褪色难,是理想的织布原料。畲族人都很擅长种植苎麻,从种苎、制苎,到织成苎布,最后制成成衣,自给自足,苎麻成为制作畲族服饰的主要原料。当时苎麻的种植规模很大,种苎的利润又高于种粮数倍,不少畲族人因此致富。

畲族人居住由于于潮湿温热的南方地区,气候温暖,特别是夏天雨水多,在劳作过程中,常常打赤脚或穿着草鞋,头戴草帽或斗笠。帽具晴天时可以遮挡阳光的暴晒,休息时可以用来扇凉,下雨时还可以成为遮雨的雨具,十分方便实用。在服装面料上,人们因大部分时间都在田区里劳作,服饰面料多选用棉、麻、丝这样轻薄,透气的。这种生活习惯也一直从古代延续到了现代。

二、畲族服饰的风格特征

（一）物质和非物质性的统一

当今的畲族服装手艺已经濒临消失,但祖传的畲族服装完整具象的形式得以留存,以其真实客观的实体讲述着畲族的文化、思想、价值观和审美价值。畲族服饰常以凤凰、鱼等图文作为绣样,畲族民众以传统纹绣手段,把坊间故事描绘在服饰上,不仅展现了畲族的历史,也传达了畲族人的民族气质。畲族服饰常用图样还有兔子、狮子、蝙蝠等,都能展现畲族民众纯粹、朴素的审美观,以及民众积极踏实的民族属性;剪裁方面,畲族民众一直以节俭朴素为原则,充分利用面料的零碎剩余,将其布满整个服饰,形成了流传千年的畲族服饰风格。

畲族服饰也具有非物质的一面。"三月三"是畲族的传统节日,畲族人一般都会在这个节日穿着最盛大的服装来庆祝,还有畲族女子在结婚的时候,也一定会穿着凤凰装,这种在特定的节日或日子穿着盛装体现了畲族的生态文化。

在传承方式上,畲族服饰工艺一般是以家族内父传子或师傅传徒弟的方法代代相传,这种非物质性的技艺赋予了畲族服饰独特的人文艺术特色,也是畲族服饰传承至今的关键。

综上所述,畲族服饰是物质与非物质性的统一,究其根本,服装制作工艺的传承是最重要的,这种非物质性的传承支撑着畲族服饰,如果制作工艺丢失,那么畲族的服饰文化甚至民族文化也将随之逐渐没落。

（二）畲族服饰的独特性

畲族服饰是畲族文化的融合，是民族文化遗留下来的珍宝，蕴含了畲族民众特殊的创新精神。随着社会发展，畲族服饰由于受到汉文化的冲击，服饰构成和形式方面与汉服有些雷同，但其传统的手工艺和纹绣手法及结构，还有饰品构造等部分还是保留了原有的特殊工艺。在颜色方面，畲族服饰视觉上的变化展现了畲族人审美观的变化和民族蕴含的文化底蕴。畲族民众秉性淳朴，待客热情，能够直观地感受自然，经过上千年的历练和成长，畲族服饰的颜色不再局限于表达自然色彩，更能体现民族内涵、传达民族情绪。畲族传统歌曲中通过"青衫五色红艳艳"表达畲族凤凰服饰的丰富色彩，通过在朴素的黑色或青色面料上加上部分纹绣，使服饰既能做到简单质朴又不失色彩反差。凤凰服饰采用部分纹绣样式，用鲜明的色彩给人以视觉冲击，畲族手工艺人善用强反差的颜色进行纹绣，纹绣范围小而细致正是畲族服饰与其他民族服饰不同的地方。畲族善用小范围色彩反差让整个服饰既不单调，又能够浑然一体，绣样边框部分通常是以强劲针法让各个色块达到统一。畲族服装颜色上追求对比鲜明，喜欢利用纯色或暖色系，也会在颜色使用上更注重统一、和谐；细节方面的变化，偶尔的冷色使用，则能够让颜色搭配更多样、好看。使用这种用色搭配，让色彩更为丰富，虽艳丽多姿却不落入俗套。畲族凤凰服饰的颜色搭配灵感来自对于凤凰的崇敬之情，畲族人将色彩鲜明热烈的纹绣图样看作凤凰的衣裳。

畲族服饰代表了畲族历史传承的内涵，其中饱含民族特性和民族精神，这些是畲族传承至今不可或缺的宝贵财富，具备特殊性、单一性和不可复制性。但在发展进程中，这些内在价值也有可能被忽视和忘却，散落在发展长河里。还好，随着社会的不断进步，畲族人渐渐建立了自己的价值理念，它与特殊的民族文化融合，经过畲族民众在日常劳作生活中不断按自己的审美观改进，具有民族特色的畲族服装形成了。

（三）畲族服饰的地域性

由于历史的原因，畲族人经历了长期的迁徙、分散，再聚居，最后形成了带有各个地区特色的畲族文化。畲族在福建、浙江、安徽、江西等地广泛分布，由于当地生态环境的不同，不同地域的畲族人在服饰面料上也有所区别，例如：浙江丽水景宁畲族自治区处于山区，当地盛产苎麻，加之气候温暖潮湿，早晚温差较小，所以麻是主要的服饰衣料；福建古田的畲族人在地理位置上处于平原地带，以种植棉花为主，故这个地区的畲族服饰衣料以棉布为主。

在纹饰方面，不同的地域文化也在畲族服饰演化过程中产生了一定的影响，聚居在位于海边的福建省霞浦县、福鼎市的畲族人，服饰纹样多采用双龙戏珠、鳌鱼拜塔、鲤鱼跃龙门等具有明显海洋文化背景的题材；居住在偏内陆地区的宁德市福安县的畲族人，服饰纹样则多采用折枝牡丹、喜上眉梢等带有中原文化背景的题材，而居住在浙江地区的畲族人，其服饰则多用兔子、蝴蝶等山林农村文化背景纹样。

（四）畲族服饰的变异性

畲族服装的流传是承接与变化、相同与反差的全面融合。服饰的流传发展中，经常会经历现实政治、经济水平、文化发展和科技水平等的冲击，进而出现承接、转变和前进共存的状况。在宋元时代，畲族民众因不得不迁移、采取游耕的生存方式，服饰色彩也从鲜明转为以经过蓝靛染成的青色作为主体服饰颜色。中华人民共和国成立后，整个社会环境有了巨大变化，这也体现在畲族服饰的纹绣图样上。图样经过简化更替，有些已经不复存在，比如古时的围裙上会有双狮玩绣球、鳌鱼浮亭、各种戏剧人物和神话故事等，但现在的围裙花纹简化为只在左右两侧分别绣一个花篮图样。虽然经历了社会环境转变和文化发展，但畲族服饰仍然留有独特的民族特色。

第二节　畲族服饰的审美特征与审美价值

一、畲族民族服饰的审美特征

（一）实用美特征

在社会的长期发展中，民族服饰的形制必然会受到各种意识和生存需求的冲击，比如在畲族人的农耕生活中，通常会在衣服口袋中放些农耕需要的器具或者粮食，便于操作者用右手取出，这形成了畲族服饰上装的独特之处。由于畲族一直以山林为主要生存场所，受场地限制，畲族男女都以长裤为下装，且袖口都要缩紧，以便在工作和行动中能够确保人身安全。受生活地区气候潮湿闷热，且畲族民众生活拮据影响，畲族服饰的面料多选取较为透气且易得的棉麻材质。

在颜色方面，畲族服饰通常选取蓝和黑色为主体色彩，以种植的青靛作为染料染色而成，日常生产工作中它们要比白色更实用抗脏。畲族民族服饰以实用为首要考虑因素，逐渐发展为适合日常劳作需求的服饰，而民众的生存场所也是服饰颜色和面料选择的前提。

（二）生态性特征

传统文化代表了人类的聪明才智，体现了民众的审美观念。各个民族都有自己世代传承的传统文化，且传统文化具有传承性。畲族民众历经千年传承下来的丰富多彩的传统文化，是畲族长辈给后辈留下的宝贵财富，给畲族当今及未来的发展提供了强有力的支撑。应该重视对于不同民族审美观念的探究，因为各个民族的审美意识和对于美的认知有着丰富的历史背景，形式完整、内涵丰富且形态鲜明，同时具备传统文化特点和现代化意义。畲族人很注重生态保护，会在尽可能保持原有环境的前提下，让村庄和生态相融合。畲族民众在日复一日的农耕劳动中，与自然生态形成了亲密关系，能够和谐地相依共存。

在服装方面，畲族人采用天然的麻、棉和丝作为制作服装的主要材料。麻作物的生命力很顽强，一年可收割三季。畲族人有种说法叫作"无寒暑，皆衣麻"，意思是说无论当地是冬天还是夏天，人们都会穿着麻布制成的衣服。棉在畲族服饰中的运用也比较广泛，畲族人种植棉花并用来纺织衣物，棉质面料有很好的吸湿性和耐热性，在劳作的时候能提供很大的帮助，而且棉质面料可以进行染色、印花及各种工艺加工，让服装颜色更加丰富多彩。

在染色方面，畲族服饰的色彩一直以青、黑或者蓝为主。畲族将村落建设在山林之间，经常需要外出打猎，黑色和青色的衣服既耐脏又有利于隐蔽，对于以农耕狩猎为生活手段的畲族人来说是最实用的选择。过去使用的染料都是天然染料，除了青靛之外，现在用于染年糕的食用染料——黄籽，以前也于染衣裤或者染纺线。

（三）情感性特征

经历宋元时代，畲族被迫持续迁移，导致生产力降低、生活非常拮据，这样的环境下，畲族人不得不全员劳作，不分男女，以至有时女性要比男性承担更多劳动。畲族女性不仅要和男性一样进行艰苦的农耕劳作，而且回到家里还要负责全部家务工作，包括做饭、喂养家畜等，平时空闲或者天气不好的时候还会从事编织或者绣图等额外劳动，换取更多收入，以便保证全家人生活。很久以前的畲族村庄里，每户家庭都有木质的编织机器、络机和纺织车等工具，女性会采摘苎麻、棉花等材料进行编织，用青靛、黄籽等植物染料上色，既满足全家服饰需求，又能把编织物品卖钱来供养家庭。因为畲族女性在整个社会和家庭里担负更多责任并且工作量更大，所以畲族女性地位高于男性，畲族人崇尚母性文化。

畲族有以女性为尊的传统，族群里年长的女性叫作祖婆，祖婆在所有畲族民众心中是神一样的存在，每个村落都有和祖婆相关的事迹流传出来。这些事迹里，祖婆通常带有神话色彩。畲族母性至上的传统还体现在畲族凤凰服饰上，在畲族婚嫁传统中，新娘一定要身着绣有龙凤图纹的凤凰服饰，以此表达自己对于畲族祖先文化的赞同。因为畲族自身不具备可传承的本族文字，因此服饰成为畲族传承的实物载体，村落中的老辈人会给后辈传授服饰纹绣的手工艺，强化后辈对于民族文化的认可，让后辈对于自然抱有尊敬崇拜之感。也正因这种文化的传承，畲族人对于美有独特的理解，为其内在观念形成提供动力，其主观情绪也蕴含在服饰之中。

（四）装饰性特征

畲族服饰在满足了遮体、避寒等实用功能之后，其审美价值也逐步展现出来。畲族妇女不仅仅满足于服装的功用性，在完成了服饰主体之后，她们在衣服的领口、袖口、衣襟和围裙等处绣上了靓丽的图案花纹，并且配上了色彩鲜艳的腰带，显示出了鲜明的民族特色。传统畲族服饰上这些色彩鲜艳、复杂的图案花纹都是由畲族妇女一针一线绣上去的，以大胆、夸张的想象，将生活中常见的花卉、人物、动物等按自己所理解的艺术情感进行创作，使得这些服饰图案别具一格又灵活生动。和许多其他民族的传统服饰一样，畲族传统服饰是畲族人在生产生活中创造出来的，他们并没有经过相关训练，只是将自己在生活中看到的、感受到的事物表现在服装里。

畲族传统服饰纹样来源于生活又高于生活，例如最常见的动植物纹样的产生，是由于畲族人世代生活在山区，这种特殊的生活环境造就了他们对自然的崇敬，也形成了他们自由自在的性格，从而将对美好幸福生活的祈福、向往和热爱，鲜明地表现在服饰纹样上。将大自然中的花鸟鱼虫、飞禽走兽纹在服装上，表达了他们对大自然的感激之情，这些纹样除了体现了畲族人对自然的热爱，也凝聚了他们的意愿和喜好，承载着他们对美好生活的憧憬与渴望。

各个地区的凤凰装上衣，都喜欢在服内绣上花瓶图案，再与牡丹和凤凰纹组合出现。"瓶"与"平"谐音，引申为"平安"的意思，这三种纹样图案的组合寓意着平安富贵、人丁兴旺。类似带有吉祥寓意的图案在畲族服饰上还有很多，几乎每种纹饰组合都有美好的寓意：鳌鱼与亭子的组合纹样，鳌鱼浮亭有"独占鳌头"之意；寿桃和松鼠的纹饰代表着快乐和长寿；一对喜鹊寓意"双喜临门"，双狮戏球纹样一方面有驱邪镇宅之意，一方面也寄托着畲族人对子孙繁衍的渴望；喜踏梅花即"喜上眉梢"；鹿与竹纹表"平安吉禄"之意；龙树纹象征着福寿绵延不断；蝙蝠、鹿和桃代表着福寿禄；蜜蜂、麦穗、花灯意味着对五谷丰登的渴望；繁茂的花草纹样象征着生活的繁荣昌盛等。

二、畲族民族服饰的审美价值

（一）自然观——物我一体

畲族人对于人与自然之间的关系认知为"人类同自然和谐共存，则世间万物皆可为人类做出贡献"。畲族人经过千年与自然的相处，已能够充分了解自然且充分利用自然资源，他们与自然和谐相处、共同进退，并不希望改变自然，而是希望将自身与自然相融合，成为日常生产中的一分子。"舍"就是利用焚烧来耕作，把农田里的废弃植物烧掉，形成肥料草灰，再开展二次耕种，以此反复几次，当这块土地肥力不足、不再适合耕种时，畲族人会迁移，选择新的定居地再进行耕作，之前肥力不足的耕地会逐渐恢复生产力。畲族人受游耕文化的影响，形成了随和的心态。他们不过分索取，共同付出，让族群整体在经济上发展壮大，并且能够平静地接纳和利用自然资源。

（二）消费观——物尽其用

畲族发展进程中经过了很多困难，生活拮据使得畲族民众养成了充分利用资源的消费观念，此点在大部分的畲族服装中都有所表现，其在制作之前就已经设计好对资源使用规划。为了达到不浪费面料的目的，畲族服饰常常搭配配饰在身上，对剩余面料二次改造，成为绑腿、围裙等，或者用各种零碎面料拼接成各种图样缝在肚兜或者日常戴的帽子上，一方面充分利用资源，另一方面也让服饰风格更加丰富多彩。畲族民众日常佩戴的包袋也丰富多彩，其制造上遵循物尽其用的理念，不拘小节，自由开放，更能充分利用各类资源，体现了畲族人的消费观。杭州桐庐常见的畲族人日常使用的包袋是用两个长方形布料拼接制作出来的，包袋的提拉处利用长方形将两个边角简单系起来，既便于提拉，也使包袋设计精巧。

（三）民族观——彰显民风

畲族经历千年发展，和各个民族都一直在融合，在服饰之外的很多方面也都与各个民族存在交集，相互影响、相互学习。经历了唐朝的苗瑶同宗、宋元时期百越民族服饰的影响、明清时期汉文化的冲击，畲族服装逐渐发生变化。虽然服装逐渐转变，但畲族民众对于盘瓠的崇敬与信仰之情，经历千年仍旧没有发生改变，而是牢牢刻印在民族底蕴之中。畲族人情怀千年不变，这是出于他们对于民族的强烈认同感以及对于身为畲族民众的极大认可。畲族作为非群居少数民族，在全中国只有浙江景宁一个自治县，与拥有巨大人口基数的汉文化相比，畲族文化相对处于较为弱小的地位。作为一种物质体现，畲族服饰担负着对盘瓠崇拜精神的流传和发扬，是民族精神的体现，也是提升民族聚集力、展现民族特点的基础。

第三章　畲族服饰制作工艺及其文化变迁

本章主要针对畲族服饰在"工艺"方面表现出的特点、畲族服饰的艺术特点、染色工艺和服饰相关文化的历史发展等方面展开论述。

第一节　畲族服饰工艺及其特性

畲族绚烂多彩的服饰使用了各种精致的服饰工艺，其中彩带、镶滚和刺绣是畲族较有代表性的三种服饰手工艺。畲族人在历经千年的民族迁徙和发展中，和周边民族相互交融、学习，吸收了一些服饰工艺、装饰方法，同时结合自己民族的传说、文化，积淀形成了今天的具有自己民族特色的服饰工艺。

一、畲族民族服饰的工艺

（一）畲族服饰中的彩带编织

彩带的编织过程大致有整经、提综、织纹和收口四个步骤。三根竹竿和一根小竹片就是彩带的全部编织工具。彩带虽然制作简单，但畲族服饰中的却堪称一件件工艺品，而且充满了丰富的文化内涵，让人无不称奇。世人也从畲族彩带艺术中看到了这个民族独特的民族文化和民族魅力。

各地区畲族人制作彩带所用的织造工具和技法并无太大差别，所需工具就地取材，只需一块整经木板、一块大石头和四根一头削尖用来提综绕线的木片或木棒。当地的竹子就是彩带编织工具的制作材料，畲族人将其制作成为光滑的竹片，一头削尖，再分为三根。这种工具可随身携带，限制较少，能够随时随地编织，既可以在田间休息或农闲时，也可以在家里或是外边，一边聊天一边编制出各种各样的纹样。纱线经过整经后一头固定在腰间即可，所以只要有空闲，门边廊下都是畲族妇女编织彩带的场地。

棉线和麻线都是畲族彩带使用的传统材料，而畲族妇女完全可以通过自捻和自染自给自足。但新兴材料的出现也丰富了彩带的材质，畲族彩带开始使用棉和丝制成。浙江挑担郎兴起于20世纪五、六十年代，让畲族妇女可以直接购买材料，而无需再自捻和自染。经线决定了彩带的宽窄，宽则经线多，窄则经线少，其两端为穗状。中间的彩色经线展现出纹样，排列的方式为二方连续的斜向散点式，也就是纹样的组成从一个单位到几个单位不等，中间要保持间隔，反复排列最终形成带状。彩带的底线要细于中间的经线，才能让纹样充满立体感，更加饱满，还要用彩色的经线修饰纹样两侧来突出中间的纹样。彩带分为三个织造阶段，即整经、提综和织带。

1. 整经 彩带的初始织造阶段称为整经，整经前要准备一个简单的木板，长60～80厘米，木板两头钉长钉用以固定纱线，木框中央用一块大石头压住一根竹片和一根竹棒，用来绕线固定。首先排列并固定三根小竹竿，在竹竿一和二中间放置竹片。在竹竿一上缠住经线开始的那一头，然后将其从竹片下面拉到竹竿二上，并从上到下地绕一圈之后拉到竹竿三上，再从上向下拉到竹竿一，最终要从下往上回到起点，才成了完整的"表面牵线"。竹竿和竹片按照次序均匀地缠上不同的彩线，再不断地反复牵引，直至出现五彩缤纷的经线圈。经线经过竹竿一和竹竿二下方的为"里层经线"，经过其上方的为"表层经线"，从竹竿三回到竹片上的被称为"底层经线"，这对于彩带来说是备用的部分。整经时一般两边外侧为白色纱线，中间为黑色、红色或绿色、黄色线，和白线交织成为图案。经线选用完成整经的白线及彩线；纬线选用白色纱线。将削尖处理过的竹片（打纬刀）在经线内以图案需求为根据穿插并处于树立状态，形成开口。打纬刀的作用主要是"引纬"。当白纬线经过此处时，用打纬刀压紧、固定，让白边部分呈现出"平纹"组织，并借助纬线不断地在经线上上下来回的变化，最终在中间的花纹处形成"提花图案"。按此规律不断地往返重复，就产生了彩带中心的织纹。该织纹实际上是一种"提花"，同时因为其组成主要是"经线色织"，因此也被称作是"经锦"。在编织完整条彩带后，要在其两头留出一定的未编织部分并经过纬纱打成穗子后方可完成"收口"。

2. 提综 提综起到承前启后的作用。竹片具有提综开口的功能，在绕线整经时将预期要用的色线按照顺序排列好，按照单双根纱线上下错位的顺序穿过竹片，做出提综的开口，然后以竹棒为分绞棒交叉绕一圈，固定经线。提综可以借助小型的编织机来完成，也可以直接将其一端固定住并把另一端系在制作者的腰间。其具体过程是在一根小木棍上系上一根线，将其从竹竿第一根的里层经线上穿过，然后在穿过第二根里层经线之前先向上绕过木棍，不断重复，直到穿过全部的里层经线为止。此时用一根线将小木棍上的每一根线都穿过并打结，然后取出耕带竹，提综就结束了。

3. 织带 制作者在自己的腰部系上一端的经线圈，在高于腰部的固定物上系竹竿三套上的绳圈，让经线圈的角度保持倾斜。引纬和打纬要在竹片的开口处进行。部分底层经线要在完成了一定长度的彩带之后转到上面，之后再向上滑动竹竿二，并继续编织。最后要保留一段带须，并将其从中剪开，这样成了两端的流苏，到此织带的全部过程就完成了。（图3-1）。

最窄的彩带对应的宽度不足1.5厘米。正常的彩带宽度一般是2.6至6厘米，大多数采用白色作底，而中间的几何图案则是采用红、

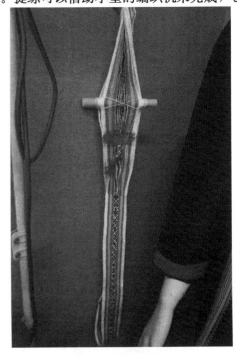

图3-1 彩带编制

黑、绿、青几种颜色。但是，位于闽东的畲族人所编制的彩带宽度整体比较宽，而且空留出的白边的宽度也较大；除此以外，浙南丽水的畲族人编制的彩带也具有较宽的宽度，而景宁的相对来说就比较窄。

（二）畲族服饰中的镶绲

"镶"是服装中常见的一种工艺手段，是"镶拼"与"镶嵌"两种工艺手段的结合。镶拼，指在服装制作工艺中将两块或两块以上的布片连缀成一片，工艺上通常采用最为普通的平缝。镶嵌，指将一片布嵌于另一片布上，在制作时，往往是将一块面积较小的布片，覆在较大的布片上，重叠缝纫。"镶"的工艺手段在畲族服饰中的应用十分普遍，在男子传统服饰长衫的边缘、景宁畲族女子"兰观衫"的大襟边缘，甚至"传师学师"服饰的"赤衫"和"乌蓝"的边缘都有镶边。

"绲"是针对服装边缘的一种处理方法，是我国服装传统工艺，一般用斜纹布条作为绲条布，夹在两层布之间，以包缝形式与布边拼接，贴缝于服装表面，绲边的粗细和均匀度体现了服装工艺的精湛。绲边主要用于衣服的领口、领圈、门襟、下摆、袖口与裙边等部位，不仅能够起到加固边缘的作用，适度地利用绲边和服装本料颜色的对比和反差还能起到强调服装造型、烘托装饰效果的作用，福安式女装的领口和大襟边缘、罗源式女装的花边间隙用的都是绲边的工艺。畲族绲边多利用红、白、水绿、明黄等色多层重叠，形成五彩线性装饰带。

畲族服饰中对镶绲工艺的运用一般以撞色镶绲为主，在畲族人惯用的蓝黑色服装大身上，彩色的镶边除了加固边缘外还是重要的装饰手段，和刺绣、花边搭配形成绚丽多彩的带状装饰。畲族各地不同式样的服装对镶绲工艺的运用不尽相同。男装普遍以"镶"为主，镶边带较宽，边口辅以绲边起到强调边缘和加固的作用。景宁女装"兰观衫"的领口、领圈绲边，大襟服斗处则以一条宽镶边为主，辅以2~4条彩色细条绲边，丰富边缘装饰。福安式喜在黑底上衣的大襟和领口边缘用红色进行镶绲。霞浦和福鼎的服饰上多刺绣，喜欢在边口绲极细的边，其中霞浦上衣服斗处绣花的边缘也喜欢用细绲边来勾勒边缘。最富特色的是罗源式服饰，其综合运用镶绲工艺，多层重叠形成带状装饰，当地俗称"捆只颜"。多样化的镶绲工艺给畲族服饰带来了丰富的变化和多样化的装饰效果。

（三）畲族服饰中的刺绣

刺绣是我国传统的手工工艺。不同的针法、用线以及图案通常代表着不同的服饰风格。该工艺技能在各个民族中都可以看到。但是，受地域文化、民俗、历史发展等影响，其又融合了多种不同地域的风格以及各民族特点。畲族妇女喜欢在衣服的领、袖口、衣襟边缘以及拦腰的裙面上刺绣各种装饰图案，在一些荷包、花鞋、童帽、肚兜等相关服饰品上也用精致的刺绣进行装饰，并表达对生活的美好憧憬。这些刺绣配色绚丽、题材广泛、种类繁多，是畲族人勤劳智慧的结晶，题材大多来自自然生活、民族传说、历史神话等，图案的构成形式多样，有单独纹样、角隅纹样、二方连续等，表现内容有几何、花卉、凤鸟、人物故事四大类。和汉族服饰绣工多由家庭中的女子完成不同，畲族服饰上大量繁复的刺绣大部分是由专门的刺绣师傅完成的，且刺绣师傅大多为男子。这或许和畲族的家庭结构与社会分工有关。畲族家庭男女共同劳动，实行一夫一妻制，女性地位相对较高，在婚姻结构中可以女嫁男也可以男嫁女，双方独子的可以"做两头家"，男方到女方落户。

女子"常荷锄跣足而行以助力作"，畲族女子历来就肩负着和男子同样的劳动工作，同时也拥有相对较高的地位，这些因素导致畲女不像汉族女子一样深藏闺房、埋头绣工，她们背负锄头、走向田间，和男子一样劳作的时候，就决定了畲族服饰中大量的绣工需要专职人员来完成。

畲族刺绣多以简单针法为主，但是却能呈现出丰富多彩的图案。畲族人多采用"平绣"和"补绣"的工艺手法。在闽东地区，可以看到人们服饰衣领上有以最简单针法绣出的马牙纹，其是畲族人在服装装饰中经常会用到的几何式纹样。其叫法还有多种，如虎牙纹、犬牙纹等。畲族刺绣擅长通过改变针法来呈现出多样的图案。比如，常见的是采用"长短针"绣法打造出色彩渐变的效果；采用"盘梗绣"或者"锁链绣"的刺绣手法突出图案中的线条质感和枝叶、花茎等。除此以外，还可以经常见到用"缎纹绣"绣法来实现图案整体的块面感。

此外，补绣也是畲族服饰中常用的手法，罗源式女装拦腰上大片的云纹图案就是通过补绣来形成的，且白色底布和补绣的红色花布之间形成正负形的云纹效果，和图案设计中图底互换手法有异曲同工之妙。补绣时多选用对比强烈的色布，以形成绚丽多彩的视觉效果。在一些童帽、围嘴和肚兜等服饰品中也常通过不同色彩、图案的补绣来表现色彩差异和较大面积的图案，尤其在童帽的虎头帽中，通过红、黑、白等撞色补绣将稚拙可爱的老虎形象表现得活灵活现，虎头虎脑的畲族孩童戴上这种帽子更加显得憨态可掬。畲族服饰中十字绣所见不多，在服装上的运用尚未见到，所见的几件十字绣绣品都是儿童用品，图案精美，以八角花等几何图案为主，也有表现雉鸡、花卉等题材的，针法细腻、工整，件件皆属精品。

1. 畲族服饰刺绣工艺装饰纹样元素的题材与表现　畲族服饰刺绣装饰纹样与畲民日常生活紧密相关，多以写实的题材与表现手法为主，体现的是畲族人民丰富的民族历史文脉、美学语义、审美内涵、对生活之理想等浓郁的民族地域特征。

（1）装饰纹样的题材选取。畲族女性服饰中刺绣纹样的题材多选取于昼夜生活与日常劳作中所感所见的飞禽走兽、祥禽瑞兽、花鸟鱼虫、文字符号等，这些都是中华少数民族传统绘画语言的最直观表现。装饰纹样题材可归纳为植物纹样、动物（灵物）纹样、人物故事纹样、几何纹样、器皿纹样等。

（2）刺绣装饰纹样的图面表现手法。畲族服饰刺绣图面纹样的组织形式有单独纹样、角隅纹样、几何纹样、适合纹样、二方连续等。单独纹样多表现为一个整体图面，角隅纹样多出现在女装围兜的四角，以四分之一圆的形态展现。几何纹样多出现在衣领、衣襟、袖口、围兜边缘等处，包围着单独纹样、角隅纹样，围合感和统一性较强。畲族没有通用文字，通常刺绣以点线面为主的几何纹样的代替抽象语言和文字的记叙和传达，从而渐渐形成畲族特有的"以纹代文"的传统符号形制。这些纹样的形式语言凝练，通常使用简化省略、虚实对比、连续与重复、局部对称（或中轴线对称）、夸张变形和抽象与写实等形式。

从美学特征的角度分析，畲族服饰刺绣工艺装饰纹样的图面表现手法，充分体现了纹样的鲜艳色彩和浓郁的民族情感，以及畲族人对生活与劳动的向往和对自然的崇敬。凤纹是畲族刺绣传统纹样中最常见的纹样之一，羽翼丰满、展翅高飞、引吭高歌的凤鸟形象在传统绘画语境中通常都是纷繁复杂的，描绘手法也是多种多样的。但是刺绣装饰纹样的工艺手段通过将羽翼翻转变形，以简化省略的曲线生动扭转，在服面上表现出凤鸟形象，这与传统绘画中描绘得丝丝入扣、细致精彩的凤凰纹样产生了极大的视觉反差冲突，简单明快、简练稚拙、诙谐有趣的丹凤朝阳凤凰形态跃然服面之上。五彩的身型羽翼与夸张省略的凤尾，体现了"朴"中见真，"拙"中见善，"丑"中见美的审美趣味，与传统纹样的严谨秩序性的美感产生差异分化，展现了畲民看待世俗的洒脱心境、取法自然、淳朴质真的民族精神和对山涧田野劳动生活的向往与热爱之情。

（3）装饰纹样的绘面构图特征。横纵分化 L 型构图。福建霞浦西路式畲族女装上装部分在前襟位置有一块刺绣纹样相当丰富的精美服斗，其布局特点呈 L 型横纵向分化。横向部位沿着衣襟的走向向右上方翘起，轮廓形似凤凰展翅，内部常分布有飞禽与花卉组团，意在表达轻盈、有力的内涵特征。

视觉中心构图焦点。服斗中通常有两道或者三道花池，花池中央部分通常作为装饰纹样构图的视觉中心，布置相对重要且工艺要求更高的独立绣制的人物纹样，并且周边布置满相对匀称和连续的花卉草叶纹样，以作衬托之用。

平衡对称构图。平衡对称构图视觉传达表现上较为均衡饱满，有"成双成对"之美好寓意。宁德女装围兜处有凤托牡丹的吉祥装饰纹样，以两只镜像形态的飞翔凤鸟纹样为基础，头部相对而绣，中央是花叶饱满雍容的牡丹形态，刺绣绘面对称均衡，很好地表现出凤凰怡然自得、悠游穿梭在富贵吉祥的牡丹图样中的形象，平衡严谨的绘面中依然能让人感受到灵动自由。

2. 中国传统刺绣装饰纹样的文化内涵

（1）祖灵图腾崇拜的文化内核。图腾文化作为族群精神文化的核心文化，是最具标志性、稳定性、最难变迁的文化因子，它不仅承载着族员对祖先的想象和追忆，也是汇聚文化要素的重要载体。被称作凤凰后裔的畲族先民对神犬与凤鸟的热爱和崇拜，成为一种深刻的精神内驱力，影响着装饰纹样图面的寓意内容，综合形成了能够反映畲族人民精神内核的审美情趣与民族品格。

（2）畲汉传统纹样交融的直观映射。随着中原汉族对南部地域的扩张，畲汉杂居，两族发生了密切的交流和融合。畲族在与当地汉族交融的过程中不仅吸收、借鉴了汉族的一些服饰习俗，民间工艺的风格、花样和种类也融入了许多汉族的传统图案。汉族的文字符号、吉祥图案经过汉字的谐音、图案的演变和传衍，成为畲族服饰刺绣工艺中的装饰纹样，例如"囍""三元齐昌""百年好合"等文字符号；汉族文化传扬的民间戏曲题材、历史典故传说都在服斗花池中有所体现，例如秦叔宝与罗成驱鬼辟邪、梁山伯与祝英台的凄美爱情、姜太公钓鱼愿者上钩等。另外，畲族服装刺绣装饰纹样中，中国传统文化道家思想的渗透在图面涵义中也得到了极大程度的体现，男女和谐、阴阳相生、天地上下等汉族传统哲学思想都能在刺绣绘面上找到。

畲族服饰制作工艺收录于国家级非物质文化遗产项目名录中，服面装饰纹样的构图布局、题材样式、表现形式等与中国传统绘画观念紧密相连，传达出均衡简练、洒脱淳朴的民族审美观念。利用中国传统绘画的审美观分析畲族服饰刺绣工艺的装饰纹样设计，能体会到畲族工艺师匠心独运的劳动智慧，其与中式传统装饰纹样产生高度契合，民族文化精神在刺绣工艺绘面的承载中得到了极大传扬。

(四)畲族服饰的传统染色技艺

畲族服饰的发展可谓是历史悠久,让畲族服装逐渐形成了自己的特色并向外界展示出其个性十足且秀美的风格及面貌。因为其清秀典雅的气质特征,它曾被誉为"最为自然如画"。畲族人在历史上曾被称作是"菁客",主要因为擅长蓝靛染料的制作而闻名各地。畲族服饰上展现出的各种色彩组合所代表的染色工艺是属于畲族的十分珍贵的非物质文化遗产。

1. 畲族服饰传统染色的植物原料

(1)畲族服饰传统染色的植物。华东畲族民间服饰染色技艺所涉及植物种类见表2-1:

表2-1　华东畲族服饰染色植物

序号	常用名	科　属	利用部位	染色效果	适用面料	功能
1	蓼蓝	蓼科蓼属	莲、叶	蓝	棉/麻/丝	取色
2	菘蓝	十字花科大青属	叶	黑/深蓝	棉/麻	取色
3	土茯苓	百合科菝葜属	根	黑	棉/麻/丝	取色(黑)/固色(蓝)
4	薯莨	薯蓣科薯蓣属	块茎	紫红/黑/红棕/土黄	棉/麻/丝	取色
5	何首乌	蓼科何首乌属	根	紫红	棉/麻	取色
6	乌饭树	杜鹃花科越橘属	叶	黑	丝	取色

(2)畲族服饰使用的染色色素。通过对染色工艺的不断实践,畲族人在"生态染色"方面总结了丰富的经验和结论。至今被畲族人沿用的是已经十分成熟的色素提取、前整理、染色以及后整理等染色技术。该工艺涉及的主要色素包括吲哚类、类黄酮化合物、醌类化合物、多酚类化合物、类胡萝卜类等。

①吲哚类。吲哚类色素也称靛蓝类色素,是各地畲族染色工艺中最为常见的一类色素。靛蓝匹染工艺也是畲族最具代表性的单色染工艺,俗称拷青、拷蓝,又称"染缸"。染料主要为靛蓝,辅以土茯苓。染布时需将水加热至温热并不断搅拌,同时反复揉拧面料。

②类胡萝卜类。华东地区传统畲族服饰中用到的类胡萝卜类色素主要包括栀子色素和枸杞色素,主要用来染黄红色系。栀子色素主要来源于栀子果实,为橙棕色长椭圆体,当地称"黄籽",其中贮藏若干如米屑般的粒状种子,主要成分是类胡萝卜素类的藏花素和藏花酸。枸杞色素也主要来源于枸杞果实,主要组分为 β -胡萝卜素、玉米黄素和叶黄素。栀子色素和枸杞色素分子中均存在多个共轭双键,它们一方面赋予色素黄色,另一方面也是色素不稳定的原因之一。

③类黄酮化合物。浙南景宁畲族人用乌饭树叶来将丝织彩带的带芯经线染黑。乌饭树叶色素中主要的染色活性成分是黄酮类化合物,主要是槲皮素(又称栎精)、白杨黄素、芹黄素、山奈酚、木樨草素等物。温度在70℃时,乌饭树叶色素中黄酮化合物产生缩合反应使其颜色加深,因此乌饭树叶色素在70℃以上可以直接作为染料使用。乌饭树叶色素在加热至100℃后,对热反应比较稳定,说明着色后染色牢固度很好,热稳定性好。

④多酚类化合物。多酚类化合物指类黄酮化合物以外的其他含有多酚的化合物，主要成分为单宁。单宁又称鞣质、单宁酸、鞣酸、丹宁酸或没食子酸，性质不稳定，极易氧化成暗黑色的加氧化合物，露置于空气中颜色会变黑。它广泛存在于植物的芽、叶、根、树皮和果实以及寄生于植物的昆虫所产生的虫瘿中。浙南的畲族人常用于将丝带线染黑的栎树和乌桕的树叶中均含丰富的单宁。福建地区的畲族人用以染纻布的薯莨、土茯苓也含单宁。我国自春秋战国时代开始，已广泛采用含有单宁酸的植物染料，用媒染法染黑。其染色原理主要为植物中的单宁酸与青矾（盐铁类化合物）作用后，变成黑色的单宁酸铁附着在织物的纤维上。

第一，直接染色。单宁质直接用来染织物呈淡黄色，可使被染物获得良好的染色效果和较好的色牢度。故闽东罗源地区的畲族人将薯莨根捣汁用以染土黄色。单宁由多元酚衍生物组成，化学结构中含有数个酚羟基的苯核。单宁可分为水解类单宁（酸酯类多酚）和缩合类单宁（黄烷醇类多酚或原花色素）两类。根据单宁的化学性质可知，缩合类单宁母体儿茶素起源于原花色素，自身无色，经氧化缩合而显色，成为天然染料。水解类单宁结构中含有发色基团酰基和带颜色的连苯三酚基团，可用作天然染料。单宁结构中多种极性基团和疏水性部位的存在，使其可以产生良好的亲和性，获得染色需要的坚牢度。因此，可以用单宁对天然的蛋白质类纤维等直接染色。

第二，媒染染色。薯莨色素适应于媒染染色，先媒染或后媒染均可。通过铬媒染剂得到棕红色；通过铝媒染剂得到棕黄色；通过铜媒染剂得到棕色；通过铁媒染剂得到藕褐色；通过锡媒染剂得到棕黄色。闽东霞浦地区的畲族人还会将薯莨、何首乌浓汁加入温水用以匹染纻布，呈紫红色。植物单宁可以与金属离子作用形成不同颜色的螯合物，这主要是由单宁的结构性质决定的。植物单宁属多元酚类物质，其结构中酚羟基尤其是邻位酚羟基在氧化剂作用下容易被氧化成醌，形成醌类染料，与金属元素反应形成有色配合物。单宁和金属离子发生络合后吸收可见或紫外光区某一波长的光后发生电子跃迁，孤对电子与金属空轨道形成配位键，从而改变最大吸收波长，颜色也随之发生变化。

（5）醌类化合物。醌类化合物染料的成分含有"蒽醌母体"以及一定量的羧基及羟基。其主要的色调是由黄到红。蒽醌类色素是较为珍贵的"天然"色素，染色过程中用到的红色染料大多包含蒽醌。蒽醌类色素的主要特点表现为：较强的成为金属配合物以及抗日晒的能力。畲族染色经常用到的茜草、何首乌、虎杖等植物就都普遍含有蒽醌色素。

2. 畲族蓝染工艺

（1）畲族蓝染工艺机理　无论何种植物，只要可以用来制取靛质，它们就可以被称为"蓝"。生活中常见的靛质植物主要为菘蓝以及蓼蓝。除此以外，马蓝、槐蓝、吴蓝等植物中也含有靛质。畲族人制蓝时通常选择大蓝、染蓝以及蓼蓝等多种原料。一般来说，不同的原料代表不同形式的色素吲哚酚，并且提取色素吲哚酚所采用的方法、染色原理及方法也会有所差异。人们经常采用的靛蓝染色技术主要包括两类：缩合染色、还原染色。

①缩合（浸揉）染色法。我国开始以靛蓝染色时最初采用"缩合染色"的方法。其主要操作步骤是：先揉搓采取的蓝草鲜叶，取汁处理，然后再将织物放入揉出的汁液中，同时为了染色效果的保证，还需要添加草木灰。在缩合染色液中混入草木灰主要是为了达到三个目的：第一，混合草木灰的菘蓝汁液可以呈现出碱性特征，并促进菘蓝苷水解为吲哚

酚；第二，让水解后形成的半靛隐色酸（吲哚酚）更易转化成具有明显溶水特征的吲哚酚盐；第三，让吲哚酚的氧化速度加快。依据现代染料化学理论的相关结论可以得知，隐色体钠盐氧化的速度相对于还原染料隐色酸来说很快，仅需要几分钟就可以完成。所以，缩合染色实质上就是以棉麻织物本身制靛，同时缩合半靛。半靛吲哚酚分子的体积大概只是靛蓝隐色酸分子的一半大小，因此对纤维素表现出很低的亲和力。所以，如果想要完成较深颜色的浸染，就需要多次重复浸染动作。而且，该方法只适合用于蓝草丰收时期，但是蓝草中靛甙含量多少与蓝草本身的成熟程度息息相关，太早摘取或者过晚采集蓝草叶都会对染色效果产生不利的影响。除此以外，蓝草产地在很大程度上限制了蓝草鲜叶搓染工艺的发展。所以，该方法逐渐被后来出现的还原染色法所替代。

②还原（发酵）染色法。有关该方法的论述最早出现在《齐民要术》这一著作中。该方法下的染色过程主要经过两个阶段：第一，靛泥的制作；第二，用靛泥染色。靛泥作用的发挥还需要结合还原剂，因此该方法被大家称为"还原染色法"。靛泥自身不受贮藏条件以及运输条件的限制，因此，此种方法不会受地域以及季节变化的影响。

（2）靛蓝传统染色方法

①畲族人常用的传统染色法基本上都属于"还原染色法"，所以用于靛蓝染色的染液中一定要加入还原剂以及碱剂。两种剂种类繁多，因此对应的制作靛蓝染液的方法也很丰富，而具体方法的选择主要由染色目的以及纤维性质决定。染液配制常用碱剂主要是石灰及烧碱。碱剂用量控制在稍微过量的范围内最佳，目的是防止存在因未完全溶解而形成的沉淀的隐色酸。这些沉淀不仅会造成靛蓝的浪费，而且会黏附在纤维表面，从而影响整体的色泽度。然而，采用发酵法进行还原染色时要控制碱剂不能过量，因为过多的碱剂会抑制微生物的发育及生长。同样地，还原剂用量最好稍微过量以保证靛蓝还原充分，转变为隐色酸，最终呈现出更好的染色效果。染色过程中，染液的温度要适宜，不能过高。一般对棉、麻材质进行染色时，温度控制在室温就可以。但是，冬天温度较低时可以稍微采取加热措施。

②靛蓝发酵法。因为还原剂和碱剂的种类十分丰富，因此对应的还原染色法种类据此又可以划分成很多种。靛蓝染色最早使用的还原染色法就是发酵法。其主要借助了酵素的发酵作用。置于碱液中的淀粉或者是糖类会发酵，最后释放出的氢气会让靛蓝色转变成靛白，这些靛白会溶解在碱液中，最后染在纤维上。所以，发酵的碱液中一定要加入酵母培养剂、酵母剂和碱性剂。其中，碱性剂的作用主要是中和因为发酵产生的乳酸等酸性物质。除此以外，碱性剂还可以用来溶解靛白。酵母剂通常用土茯苓茜草、地黄根以及菘蓝等植物充当，其中地黄根的使用最为普遍。酵母培养剂主要是蜜糖或者米糠等物质。酵母剂同样也具备培养酵母的功能。碱剂通常是指以纯碱、碳酸钾以及石灰等为代表的碱性物质。

二、畲族服饰工艺的特性

（一）畲族服饰工艺的相似性

浙闽地区的畲族服饰虽然形制各异，但在服饰工艺上仍保留有鲜明的共同性，这种共同性主要表现为各地的畲族人均保存了传统的彩带工艺、彩色绣花装饰和银器錾刻工艺。

不论是福建地区还是浙江地区的畲族妇女都保留着编织彩带的传统工艺，并且将彩带用于固定拦腰，当作系带使用。同时，对于适婚的青年男女，彩带还有着传递爱意、寄托情思的作用。由于制作工艺过程一致，图案也具有高度的同一性，最后形成的图案多以几何纹为主，除了犬牙纹、鸟纹外，文字形的提花图案是浙闽畲族彩带的突出共性。

作为传统服饰装饰手段中最为常见的一种，彩绣也被大量运用于畲族妇女服饰、服饰配件（肚兜、香囊、花鞋）和儿童服饰用品上。畲族服饰上的彩绣针法多样，多以参差绣、辫绣、十字绣、贴布绣为主，用色艳丽大胆，题材多取自畲族人日常生活所见的花草植物、吉祥动物和传说戏文。彩绣的装饰部位以服装上衣的领口、大襟处为主。

此外，银器饰品上喜以錾刻形成装饰图案。不论是景宁、罗源凤冠上凤头、凤身部分的银片，还是福安地区新娘凤冠上的"圣疏"银片，甚至畲族妇女日常发髻上的银簪子，使用的装饰工艺都是錾刻。细密而有序的錾刻点形成象征夫妻和睦的双人图案或鱼形图案，及寓意喜庆吉祥的凤凰牡丹纹样。

浙闽各地的畲族存在一脉相承的民族共性，在漫长的民族迁徙过程中，对于居住环境的选择亦有一定的共同性，都选择在重峦叠嶂的山地进行耕猎，从而使得生产生活方式也存在一致性。在这些因素综合影响下，浙闽各地的畲族保存了民族共同的审美偏好和族源崇拜，最终形成了服饰工艺上的共同性。

（二）畲族服饰工艺的差异性

尽管在族源影响等综合因素影响下，浙闽各地的畲族人服饰保持了一些相似的传统工艺，但是由于经济发展、生活水平和风俗演化等多种因素，各地畲族服饰分支在工艺处理上呈现出鲜明的工艺个性。

罗源地区的畲族服饰偏好镶绲饰边（"捆只颜"）和贴布绣，同时服饰极为绚丽多彩，彩绣也喜用艳丽的色彩，图案以块面式满铺为主，这种服饰工艺喜好给服饰带来了华丽的效果，特征鲜明，观之印象深刻、难以忘怀，也使得罗源式服饰成为畲族服饰的突出代表。

福安、霞浦地区主要的服饰装饰工艺为彩绣。福安地区的服饰简单、朴素，绣花面积少，花型细密、简单。在领口胸襟处等服饰边缘地带喜用五彩马牙纹进行装饰。而霞浦地区的绣工明显较为繁复，喜欢通过层叠的边缘装饰来增加服饰的华丽度，通过门襟处花边层次的多少来表现服装的隆重程度，俗称"一红衣""二红衣"和"三红衣"。福鼎地区的服饰装饰也以彩绣为主，领口的绒线球（即当地人俗称的"杨梅球"）工艺最具地方特色。绒球以红绿色为主，和服饰领口、胸襟处的绣花遥相呼应，别具情趣。景宁地区的服饰较为简单，绣花运用较少，服饰以镶拼彩条为主要装饰，彩条主要在上衣的领圈、胸襟处，层次、宽窄不一，俗称"兰观衫"或"花边衫"。景宁地区的服饰，彩绣多用在儿童服饰用品和香囊、绣鞋上。

可见，福建地区的畲族服饰工艺较为重视彩绣，各地虽然彩绣面积、繁复程度不同，但多少皆有刺绣装饰；浙江地区的服饰则在形制上保留了传统样式，但是成年女子服饰装饰上已经很少使用彩绣，而是通过镶拼彩条达到装饰的目的。从这点来看，浙闽两地的畲族妇女服饰装饰工艺还是具有显著的差异的。

第二节　畲族服饰的艺术特性与染色技艺

一、色彩以青蓝为基础，多彩点缀

为研究畲族民族服饰的颜色特点，我们运用现代色彩学理论与方法，取浙闽地区典型畲族传统女性服饰实物进行色彩分析，将服装照片通过图片色值提取工具提取出服装主体色彩条（RGB16 位代码），再对其色彩特征进行同比分析。

选取这些服饰为分析样本的原因首先在于其代表性。浙南闽东地区的畲族人约占畲族总人口的四分之三，其服饰工艺精美，形制丰富多样，特别是其女性服饰具有独特的审美特征和文化内涵，是畲族的标志和族群认知的依据。其次在于其传承性。浙南和闽东地区畲族分布最为密集，其文化传承相对稳定，服饰传承性也较好。此处选取的服饰均为景宁畲族博物馆于 20 世纪 90 年代前收藏的传统服饰实物，受现代旅游经济影响尚小，在色彩、款式、用料、工艺各方面均较好地传承了传统畲服的特色。最后是可比性，研究对象均为相同 TPO 属性的各地畲族已婚妇女上衣外套。

分析整体呈现出的直观效果就是畲族女装上衣的色彩特点：服装的主要色彩大概为 4～7 种，其中色相主要是黑和深蓝，辅助色彩是以红色为主的其他颜色，如黄色、白色、绿色等。以三要素为依据分析色彩组成，色相之间的对比程度适中，色相环角度相对来说比较多；装饰方面，虽选择的色彩明度之间形成了强烈的对比，最暗和最亮之间度数差竟高达 10 度，但是整体的色彩明度主要由较为低调的青色和黑色呈现出来，给人严肃、隆重但是力量感很强的中度对比的视觉效果，总体来说属于低中调明度配色范围；纯度方面呈现出来的则是"中高强度"的对比效果，主要体现在服装的前襟装饰部分。该部分选择的配色经常是同一色相但是纯度不同，因此，呈现出的色彩对比效果清晰、明朗，较有活力。

下面将以"色彩三要素"为依据，进一步对畲族各区域服饰色彩特征实施横向对比，以说明六个不同地区畲族服饰的色彩特点都存在十分显著的不同。

（一）色相对比分析

首先是"色相"。其出现对"倾向性色彩"效果的呈现起到了主要作用。从畲族服饰的色彩分布来看，不难发现，其色彩主要集中在前襟的花边部分。丽水式畲族服饰的前襟边缘采用的主要是"宝蓝色"，丝质花边的色相主要由紫色系颜色组成，各种颜色的色彩明度都有所不同，但是整体都偏向"高亮"明度，即属于同类型色彩之间的组合搭配；面料也都主要采用了"宝蓝色"，对花边的各种明亮色起到一定程度的衬托作用，使得整体的色彩搭配看起来十分和谐。景宁式畲族服装的前襟上最具有代表性的就是三条呈平行关系的贴边，并且中间一条的宽边采用宝蓝色，对应的两条窄边分别采用红色、浅绿色。服装的装饰整体上还是以沉稳、大方的"蓝色系"为主，红色和绿色作为辅助色和蓝色形成较为鲜明的对比，让整个服饰都给人明亮、活泼、典雅的感觉。福鼎式服装的刺绣十分精美，而且色彩的组合多种多样。其中，服装的装饰的整体色彩主要是大红色和紫色，并在颜色之间插入浅绿色、白色、蓝色以及黄色，为的是形成颜色明度上的对比，营造喜庆、热烈及活泼的气氛。霞浦式服装的装饰在一定程度上和福鼎式服饰呈现出相似性。但是，服饰采用的主要颜色是鲜艳的紫色，只用十分少量的橘色或者绿色来衬托和点缀。此类颜色搭配让服饰整体妩媚又不缺少活泼和灵动。福安式服装的面料颜色以纯黑色为主，而衣襟的装饰主要选择冲击力十分强的朱红色，边缘主要采用少量的橘色和蓝色，让服装的整体构图看起来十分简单明了，但是色彩对比却十分强烈。最后是罗源式服装。其服装装饰的面积最大，整片前襟都是彩色的花边，并且花边的颜色也主要是明度各不相同的红色系，整体效果和谐、大方。

（二）明度对比分析

在6种不同类型的畲服服饰中，霞浦和福安式的畲服选择的颜色组合的明度对比相对来说最不鲜明。它们均采用了纯度较高的暖色系颜色来打造明媚、艳丽、鲜明的视觉效果。相对来说，明度较高一点的是景宁和福鼎式畲服服饰。它们多采用明度较高的白色或者绿色等，与暖色系颜色形成较为鲜明的对比，让整体效果艳丽而不俗气。丽水及罗源式服饰颜色覆盖面积较大，并且颜色之间的梯度变化更加紧密，明度对比效果也更为鲜明强烈。但是，它们之间的色相变化范围并不大，所以服饰整体的效果比较温柔大方、清新雅致。

二、材质以麻棉为主，丝草为辅

畲族服装最常采用的材质便是"麻"，麻类植物普遍具备透气性好、散湿速度快、吸湿能力强、清爽、不易被损坏、光泽度较好、弹性较小、容易出现褶皱、不易生霉等特点，因此是居住在潮湿环境中且生活于山林之间的畲族人的最佳选择。除此以外，麻类植物的生长速度普遍较快，而且，生存的条件限制较少，是获取过程较为简单的天然纤维。

近代以前的畲族人一直受限于纺织技术，因此他们的棉织物大多数是从汉人处购得或者直接用物品交换得来的。其中多以平纹棉布以及斜纹劳动布为主。在中华人民共和国成立以后，受经济快速发展的影响，畲族服饰逐渐融入了更多的现代化元素，对棉麻类面料的种类要求更加多样化，同时，绒布以及涤棉混类纺等面料的使用也得到了开拓和发展。

畲族腰饰上大量使用蚕丝，各地的手织围裙带几乎都会使用蚕丝制作，而罗源标志性的红条纹腰巾也是生丝织成。生丝硬挺而具有光泽感，当罗源妇女将红腰巾系于身后打结，红巾两端于身后以优美的弧度垂下，尾端流苏还盈盈颤动、丝光闪耀。

畲族人最常穿的是草鞋，山林行走时随手可得的野草，只要坐下用双手双脚即可制作成鞋，非常方便。畲族人也穿木屐，在长方形木板上加两齿即成，走路铿锵作响、别有情趣。

畲族首饰的材质更为丰富，金属方面最常见的为银饰，富者用金、贫者用铜。值得一提的是霞浦式服饰的扣子，与其他地区多用布带、布纽不同，霞浦式首饰喜用铜扣，且间有以钱币为之者。霞浦坎肩为传统男式对襟五颗扣设计，常在两扣之间装饰艳丽的适用的纹样刺绣，胸前以黑色布面上闪闪发亮的铜扣点缀上下，在视觉上形成丰富的装饰层次感。

三、图案以花草为多，边缘适合

（一）多植物、垦殖题材

无论是以前还是近代，畲族服饰中的花纹多是对"植物"的描述，鲜少出现动物。只有福鼎和霞浦式服装的花纹中出现过少量的动物或者人物类型。而且，动物花纹多采用龙凤鹿兔等祥瑞寓意题材的动物；人物纹中的人物多出自民间传说或者戏曲。植物花纹题材的选择就相当多样了，其中，最常见的花纹题材是灵芝、牡丹以及梅花等。在景宁传统的织锦带上经常会见到一些人们公认的象形图案。依据畲族人的相关解释，这些图案大多与当地农业生产有关，诸如太阳、阳光、鱼、田地以及蜘蛛等，这在一定程度上代表着畲族人具有历史悠久的农业种植文化。

（二）多边缘纹样

各地畲族服装上的装饰均以绳边或贴边的形式沿领口、襟边，或还有袖口、下摆、裤口等服装边缘展开，再于其上以适合的纹样加以刺绣、贴布等。各民族的服装装饰大多是从实用到美观，畲族服装装饰的发展趋势也是如此。襟角、襟边以及领围和袖口均是易损之处，在易损处绳边或贴边能增加耐用程度，如丽水式用丝质花边贴边、景宁式用绳边或平行彩条贴布绣、罗源式最初仅以绳边装饰。而随着生活水平、审美观念的提高，人们便在绳边的基础上又绣上亮丽的图案，起进一步保护和装饰的作用。但由于各地客观条件不同，花边装饰从部位面积到内容都产生了地方性差异。例如福安式女上衣襟角镶上红色三角布边，使之耐磨耐拉扯，并绣上花饰，起到装饰作用的同时，还被赋予了"盘瓠印"的故事，起了承载文化标识符号的作用。而罗源式服装则沿领口襟边一层层将绳边和花边平行铺散开来，模拟凤凰颈项边层叠的翎羽，同时抒发了畲家人内心对"凤凰装"的向往。

（三）多变形手法

畲族人描述图案时，有时采用写实手法，有时采用抽象手法，但更多的时候是采用经过改造的抽象手法。正是此种独特手法才让畲族服饰图案呈现出令人惊叹的视觉效果，同时也体现了畲族人民的智慧。平阳畲族人设计在围裙两侧的围裙耳主要用于固定位于围裙、两根裙带之间的衔接处。所以，为了增加加固效果、均衡受力，其形状大致呈扁圆或者圆形。图案设计的花纹中常见自然动物——蝴蝶。蝴蝶的形态十分灵动，躯干向内侧弯曲，两根胡须均飘向脑后，两只翅膀的设计更是十分夸张，直接抽象变形成了两朵海浪，给人以"彩蝶翩翩""春意盎然"的直接感受。有时候图案花纹采用"几何"题材，图案的主体部分由两个平行四边形及一个正方形构成，并与三面颜色深浅不同的色调巧妙结合，打造出"六面长方体"的视觉感受。

四、造型以凤冠为识，地方变异

畲族服饰造型独特、类型丰富，吸引了不少学者的关注。人类学家对各地畲族妇女头饰造型进行研究，认为畲族妇女头饰为唯一在外表上可以用于识别的畲族服饰特征，也是畲族人图腾文化崇拜的实迹。从畲族文化历史发展的总体过程来看，畲族服饰是从同一发展到多样，逐渐形成地方差异的，福建畲族服饰差异是迁徙散居后基于地理、文化隔离而产生的辐射变异。畲族服饰脉络相承关系与民族迁徙路径之间具有较为一致的对应性；畲族服饰由罗源式为起点，至景宁式为终点，途经福安、霞浦、福鼎和泰顺，存在一脉相承的连贯性。不仅如此，其头饰、耳饰、女鞋、襟角造型均存在明显的内在渐变联系。

畲族盛装头饰造型变化脉络以罗源式为源头，与其最接近的是丽水式，同样由珠链串起覆布竹筒和挂有"经蟠"的发答；丽水式与相邻的景宁式和平阳式均有较高的相似度，景宁式将冠顶所覆红布化作黎花银片、竹筒变为竹片，同时将经蟠发笒化为主体高冠的一部分，而平阳式除同样将冠顶覆布化作银片外，同时增大了竹筒的体量，并分别在竹筒前部和竹筒下方增加了银制流苏和红黑条纹头巾；接下来的泰顺式，继承了平阳式大体量的竹筒主体和额前流苏，同时增加了珠链的用量和长度，在竹筒上方和下方均垂珠链于两侧，且下方的珠链超过1米，长度过腰及臀；福鼎式头饰与泰顺式一样有长长的珠链、额前流苏和脑后飘带，但主体竹筒开始向上倾斜，形成昂起的鸭嘴形；霞浦式头冠倾斜角度进一步加大直至向后，除前额装饰流苏银挂面外，冠顶也装饰银制流苏，松罗头冠则直接利用笋壳做出圆锥形；福安式在霞浦式的基础上继续发展，将头冠高度降低的同时将纵向长度加长至原来的两倍，后面如霞浦式的冠顶一样垂有银制流苏；同属福安式的宁德头冠冠顶更低，几乎呈平顶。

如今，畲族头饰的构造已经完全变成了"平顶阔帽"。宏观来看，福安凤冠和闽北顺昌盘瓠帽的造型在一定程度上具有相似性，因为它们都是前边高后面低。顺昌式、延平式以及光泽式在某些方面也是相似的，比如它们都是将发髻盘在脑后并用黑纱包裹头部，同时以红绳或者带子绕之。但是，它们的区别在于光泽式不需要银笒，而延平式则需要六支银钩及一支呈钥匙形状的银笒，顺昌式甚至需要几十支乃至上百支的呈钥匙形状的银笒。闽南漳平式多受该区域内汉族人民服饰的影响，头饰和客家头饰较为相似。江西的樟坪式头饰相对其他地区的头饰来说样式也较为特殊。

畲族女装的前襟造型虽普遍深受主流文化影响，主体脉络模糊，但是它们表现出的地域性差异还是存在一定程度上的内在联系。由浙南丽水延伸至闽东的福安，再至闽北的顺昌，直到闽南的漳平，这一线上的各个区域的服饰都或多或少受到了主流文化的影响，主要表现为：服饰的前襟部分大都设计为"厂"字形状，并且装饰部分主要在前襟的贴边或者组边上。但是，位于该线东侧区域的畲族服饰大都是将自己本地区文化特点和主流的服饰文化巧妙地结合起来，主要表现为：罗源式服饰的直襟造型依然延续了"汉式"的"交领"特征，但脖颈的周边设计则采用了"仿旗式"的圆领结构；除此以外，从霞浦式到福鼎式，再到平阳式以及泰顺式，它们的前襟都用"汉式腋下系带"的形式代替了纽扣设计，而且直襟改为了"钝角"，逐渐表现出"旗式"大襟的特征。

整体来看，畲族服饰特征主要沿着以罗源式为起始点，向丽水及东海岸延伸并最终返回闽东地区，又经福安地区往西边散开发展的路线变化。这恰恰说明历史上畲族人迁徙的方式可能不是简单的"递进式"，而是较为复杂的"阶梯式"或者"回溯式"。将华东区域内各类畲族服饰进行横向及纵向对比，不难发现，畲族文化圈和主流文化圈的分界大致分布在由浙南的丽水和景宁向下延伸到闽东地区的福安，然后至闽北地区的顺昌及延平，最终到达闽南地区的漳平所形成的这条区域的沿线上。

五、配饰以银饰为盛，巧织慧裁

畲族服装配饰品组成的完整性离不开"银饰"的加入。比如，凤冠作为畲族各地域服饰的代表性配饰，必须加入银髻牌类的各种银饰。不仅如此，银质配饰还常见于畲族人佩戴的各种耳环、项链、手镯、戒指以及钗钏中，甚至儿童的帽子上也常常配有各种银饰。

畲族银饰造型别致，独具匠心。泰顺地区的畲族戒指戒面为梅花图案，涂景泰蓝釉，戒指背面有"玉成"两字，祝福婚姻幸福美满。戒指戒面突出成立体的兽首状，且兽首两眼有孔，孔内有两支可以活动的触角，十分有趣。

除装饰和祈福外，畲族银饰也是传统畲族生活中用以含蓄表达身份的一种标识，例如闽东畲族女性婚前婚后所带银饰有别：婚前女子头梳长辫，扎大红绒毛线，耳戴耳牌；婚后女子梳盘龙髻，耳戴耳燕，髻插银针、银花。

除银饰外，畲族还有很多精工巧思的服饰品。例如丽水和平阳式腰巾，其两端常被聪慧的畲家女编织为细密精致的网罗和流苏，增加视觉透视感。同样对于系腰，有些腰带的设计初衷不只是审美，更多的是为了舒适和实用，巧妙地用两条布条呈螺旋形缝制，使得沿腰带方向的丝络正好与面料形成45°角斜丝，充分利用了面料的延展性，加大了腰带的弹性。

畲族肚兜的设计也很巧妙。例如将口袋设计为贴着肚兜下端的"U"形，上端由两个扇形折枝花式合纹固定，整个肚兜以红色贴边，白色作底，上部两枚红白相间蝶恋花贴布绣，清雅中不失生动。有些肚兜沉静朴素，却也别有新意，只在中间用紫红色线绣出两只小三角来固定袋口，将中间的口袋"隐形"起来。

第三节　畲族服饰的文化变迁历程

伴随着时代的变迁，畲族民族服饰文化也在悄无声息地发生改变，时代背景、文化信仰、政治经济都在无时无刻地影响着畲族民族服饰文化的变迁。

一、古代畲族服饰文化变迁历程

（一）原始时期的畲族服饰

畲族的服饰文化在一定程度上受到所处地区的影响，畲族长期处于封闭状态，畲族人的居住地山脉很多，外界文化很难传入，因此畲族服饰文化能保持相对原始的特征，下面将会具体阐述畲族服饰文化的主要特征：

1. 样式　具有一定的中原色彩，衣服大多为后面长于前面，一部分上衣还具有"左衽"特征。

2. 颜色　畲族服饰的颜色众多，色彩明亮。

3. 头饰　畲族服饰中最有特点的是头饰，畲族人喜欢将头发设计成锥形。

（二）多源融合时期的畲族服饰

在宋末元初之时，畲族服饰文化进入了多源融合的阶段，之所以会产生此种现象，是因为畲族人开始与外界开展文化交流，这一时期的畲族服饰发生了翻天覆地的改变，主要体现在以下几个方面：

1. 样式　受到闽南文化以及西宁文化的影响，畲族人将文身渗透进服饰之中。

2. 头饰　在闽东一带，妇女还是保持原来的头饰。但在闽南一带，畲族人更倾向于断发。

（三）流徙从简时期的畲族服饰

元末明初，畲族服饰就进入了流徙从简的阶段，畲族人开始了由闽西到浙江南部的大范围的流徙。在元末以后，畲族人的服饰逐步单一化，主要体现为赤足、高髻，这都与他们的生活方式密切相关。从此阶段开始，畲族人对于青色偏爱有佳，他们喜欢在山上种植青靛，认为青色代表着尊贵。总的来说，流徙从简时期的畲族服饰主要呈现出以下几点特征：

1. **头饰**　摆脱头巾的束缚，但保留了高髻。
2. **颜色**　以青色为主，青色成为民族主打色。
3. **足饰**　没有任何配饰，大多为赤足。
4. **样式**　受到汉族文化的影响，逐步向汉族靠拢。

（四）涵化成型时期的畲族服饰

清代，畲族逐渐结束了迁徙的生活，主要在福建东北部、浙江南部定居下来。在与汉族人民"大杂居，小聚居"的格局下，畲族服饰一方面形成了自身的民族特色，另一方面也不可避免地受到了汉族的影响。

畲族先民与以客家先民为代表的汉族人民在粤、闽、赣的交流渊源深厚。自唐末至宋，客家人从河南西南部、江西中部和北部及安徽南部，迁至福建西部的汀州、宁化、上杭、永定，还有广东的循州、惠州和韶州，更近者迁至江西中部和南部。宋末到明初，因蒙元南侵，客家人自闽西、赣南迁至广东东部和北部。这几次迁徙的地点正好是闽浙赣的交界处。他们与畲族先民产生接触交往，并引起了畲族人社会生活和文化状态的改变。

可见，无论是在历史上畲族聚居的赣闽粤边地，还是在闽北、闽东、浙南等畲族人大迁徙后的新居地，畲族人都在不同程度上汉化了。在这一时期除广东畲族服饰相对显得比较简朴外，福建、浙江、江西的畲族服饰基本类同。比较突出的服饰特征可总结为以下几个方面：

1. **色尚青蓝**　服饰色彩以青色、蓝色为主，浙江地区多"斑兰"花布。
2. **款式精短**　畲服款式普遍为短衣、短裙，大部分裙长不及膝盖。
3. **装饰颇盛**　较之前朝的"不巾不履"，清代畲族男女在头饰、足饰、装饰品等各方面都更显丰富。
4. **男女有别**　男子戴竹笠穿短衫，一般赤脚，耕作时穿草鞋。女子一般先梳高髻，以蓝花布包头，再戴竹制头冠，并装饰以彩色石珠。
5. **汉化加深**　在畲汉交流日益深广的情况下，赤脚的习俗在清末逐渐转变，开始穿布鞋或草鞋。

二、文化变迁视野下的古代畲族服饰变迁动因

所谓的文化变迁实质上是指在改变文化内容的过程中所产生的一系列变化，主要包括文化的结构、风格、内涵等。文化无论是产生还是变迁，必然会经历复杂并且漫长的过程。不仅仅是畲族服饰文化的变迁，任何文化的变迁都是人类需要去深入探索并研究的重大课题。早在 19 世纪，众多专家学者就已经开始了对文化变迁的探索之旅，对于文化变迁的研究而言，深入了解中华文化内涵以及其凝聚力显得尤为重要，可以为对文化变迁的了解起到一定的推进作用并提供一定的思路。

（一）古代畲族服饰的演变因素

对于上文反复强调的文化变迁问题，专家学者的想法存在一定的差异，存在生物说、地理环境说、文化传播说等各种各样的学说，实际上文化变迁确实是影响古代畲族服饰演变的因素之一。但需要认知到一点，那就是虽然时代背景、历史文化、政治经济、地理位置、生态环境都在影响古代畲族服饰的演变，但服饰演变绝不是其中一个因素单独作用的结果。导致古代畲族服饰演变的因素众多，而且，任何一次民族服饰的演变到底是哪些原因所致，也无法给出确定的答案。这是因为时代在不断变迁、社会在不断进步，导致服饰的演变的因素也在不断发生着改变，这些因素相互影响、相互作用。总而言之，畲族服饰演变是多种因素共同作用的结果，下面将展开具体论述：

1. 生物因素：族源融合　文化变迁动因的生物因素说认为：包括文化在内的社会是一个有机体，其变迁、进化是一个生物有机过程。其中的新社会达尔文主义的文化变迁理论将文化进化或变迁归因为生态环境中群落基因库的变异和基因群的分布。

闽粤赣边地历史上存在着重叠的三个基因群，最早为土著百越族群、然后为源于五溪地区的畲瑶族群，最后为来自中原代表汉族文化的客家族群。这三种族群文化相交，必然产生互动互融关系。随着畲族人逐渐迁出与世隔绝的祖居地，他们与古越蛮族、以客家人为代表的汉族的交流日益深广，关系日益紧密。其中一部分通过通婚、集结起义等方式实现了身份的叠合与转化。在民族融合进程中，畲族服饰文化也相应地产生了变化。唐宋时，畲族妇女流行"椎髻卉服"，即头饰是高髻，衣服着花边，显示出先民"盘瓠蛮"的典型服饰风貌。元代，畲族起义军又号"头陀军"。"头陀"即"断发文身"，是百越民族的典型服饰特色。这说明宋元时期畲族起义军在与闽越土著的交流合作中，吸收了其服饰元素；或部分闽越土著直接汇入畲族，成为其中的一部分，并随之引入了相应的服饰元素。

清代福建畲族人"其习俗诚朴，与土著无异"，表明当时畲汉关系密切、表征趋同。一部分畲族人主动与汉人通婚，模仿汉族服饰文化习俗，畲汉界限十分模糊。时至今日，福建客家和畲族人仍同梳高发髻，戴凉笠，着右衽花边衣，尚青、蓝色。

畲族本来就是多族源民族共同体，族源包括五溪地区迁移至此的武陵蛮、长沙蛮后裔，当地土生土长的百越种族和山都、木客等原始居民，也包括自中原、江淮迁来的汉族移民。族源多元性这一文化变迁的生物因素正是畲族服饰文化变迁的初始动力。

2. 地理因素：迁徙　文化与地理环境密不可分，二者有着千丝万缕的联系并且相互影响、相辅相成。地理环境在一定程度上决定了文化性质，甚至对文化的内容也会产生一定的影响，地理环境的改变必然会引起文化的改变。

元末明初，畲族经历了由闽西到闽东再到浙江南部的大规模迁徙，由于畲族人居住地发生了巨大的改变，民族服饰也随之发生了一定的变化。下面将具体举例说明。江浙一带存在水源优势与气候优势，畲族人因此大量种植苎麻，收获的苎麻均用于制作衣物，因此得名"皆衣麻"；闽南一带地势平坦，衣服的制作绝大多数依赖棉花，故大规模种植棉花在闽南一带十分常见。

畲族人的迁徙地各不相同，在不同地区文化影响下的畲族服饰存在一定的差异。迁徙地为温州的畲族人，其服饰就受到了刺绣的影响；而迁移到福建的畲族人，其服饰的众多元素均来源于闽剧。

由于迁徙过程中条件有限，畲族人的服饰一切从简，基本是从实用轻便出发，很少考虑美观程度，因此畲族服饰的装饰性在此阶段被大大削弱。

3. 经济因素：经济生活方式的转变　随着社会的不断进步，畲族人的经济水平也在不断发生改变，经济因素实际上在文化变迁中占据重要地位，因为经济情况直接影响到生活方式与生活质量。

我国东南部的山区是早期畲族人的主要聚集地，气候为亚热带湿润季风气候。由于受到生活环境以及经济水平的限制，畲族人的生活方式主要为傍山散住，依靠捕猎为生。生产活动的中心一般为荒废的山地或者茂密的丛林，由于环境的限制，畲族人的服饰较为简易，以便能够更好地适应生活环境。畲族人赤足、不巾不履，不仅是为了适应热带湿润的季风气候，也是为了适应其独特的生活方式。

从明清时期开始，畲族人就开始了大规模的迁徙，从闽西逐步向浙江南部、闽东等地区转移，此时畲族人已经开始了以旱地杂粮为主的农业方式。农业生产场所改变，即从林区逐步转变为田地，农业生产的工具也随之发生巨大的变化，由原始工具逐步转变为采集工具。随着农业的不断发展，畲族人的生活工具以及农业副产品也发生了翻天覆地的改变，手工业也得到飞速发展。

4. 工艺发展因素：染织技术发展　社会的发展以及人类的进步都与自然科学密切相关，一项新技术的发现，必然会形成新的文化与生产力。染织技术的水平随着社会的发展也在不断提升，新技术的发展对于畲族服饰文化产生了深远的影响。

在福建省浦县，畲族新娘出嫁时都需要在头顶戴上蓝色为底色并有白点装饰的盖头，腰部的配饰则为黑色的长裙以及蓝色的腰带，从中都可以看出畲族人对于蓝色的青睐。畲族人之所以会选择蓝色或黑色作为民族的主打色，与他们的染色技术有着很大的联系。在古代，青色就是黑色，一般都从青靛中提取出来。在明代万历年间，闽南以及浙江一带的纺织工艺飞速发展，手工业的收入已经远远超过农业收入，导致了畲族服饰的颜色由单一的青色变为彩色。

（二）古代畲族服饰的传承因素

政治经济、风俗文化、改革创新对于畲族服饰的传承均会产生一定的影响，因此古代的畲族服饰在不断发生改变。无论畲族服饰顺着怎样的方向发展，其所代表的文化内涵在历史长河中将会永存。

1. 民族信仰因素　对于畲族服饰的研究不能止步于服饰本身，更应该从其内在的意义出发，深刻剖析畲族服饰背后的民族信仰。盘瓠崇拜已经深入到每一个畲族人的心中，尽管历经了千年，但依旧完好地保留在畲族文化中。目前畲族人仍有很多习俗均受到盘瓠崇拜的影响，以畲族新娘出嫁为例，畲族新娘在出嫁时需要身着凤凰装，所谓的凤凰装是指将头发用红绳扎起来，就好比凤髻；新娘的衣服上缝上花边并辅以刺绣，用来模仿凤凰的羽毛；将腰间金黄色的长腰带视为凤凰的尾巴；新娘的身上还挂有铃铛，就好比凤凰的鸣嗽。除此之外，妇女戴"帕仔"的习惯也与畲族文化息息相关。

2. 民族性格因素　任何一个民族都有其独特的民族精神以及民族文化。尽管民族文化随着社会的发展在不断发生变化，但民族文化中最为核心的内容绝不会发生变化，这是因为它是民族的本质特征。

回首过去，闽越土著百越族群的服饰还不断浮现在眼前。值得一提的是，此种服饰深受汉族文化的影响。不得不承认，畲族服饰文化的演变受到其他民族文化的影响，由此也可以看出各民族文化之间的相互影响、相互作用，这种民族文化的融合现象同样十分明显。

三、现代畲族服饰文化变迁

（一）畲族服饰的激变

全国最大的畲族聚集地位于浙江省丽水市，而畲族人特有的服饰成了其最佳名片。畲族特有的"景宁式"服饰曾代表畲族出现在中国邮政以民族为主题的邮票中。

中华人民共和国成立到改革开放的这一时期，景宁畲族女子上身着右衽大襟立领青衣，下穿阔脚裤，腰系紫红与黑色相拼的拦腰（即围裙），男子着对襟衫、大脚裤。他们的服装与汉族同期服装的款式、裁制方法几乎完全一样，仅在拦腰、衣襟贴边等小细节处呈现出畲族自身服装的特色。春夏季畲族人一般穿着麻制上衣，衣长较短，衣摆及胯骨；冬天穿着棉制上衣，衣摆略过臀围。丝制衣服贴布边装饰有一定难度，所以一般没有花边。由于成本较高，家里比较殷实的人家才穿着丝制服装，一般制成短装。

从总体上分析，随着经济全球化的不断加快以及社会的飞速发展，畲族服饰文化也发生了巨大的变化，并且生存空间也在不断缩小。在畲族文化中，原始文化的保留情况并不是很乐观，最为原始的服饰已经离畲族人渐渐远去，但与此同时，畲族服饰文化也在不断吸收外来先进文化，外观、色彩、造型等多个方面，都彰显着鲜明的畲族特点以及民族文化。在政府以及国家的扶持下，畲族文化迎来了发展的新纪元。

（二）畲族服饰的简化

过去的畲族妇女对于头冠以及宽大的衣衫格外中意，大多数人还会倾向于佩戴银饰，带有花纹的腰带也是她们的必备装饰。到 20 世纪中叶，新一代的畲族女性已经不会选择佩戴原始服饰，服装已经被逐步汉化。男性的服饰与汉族男性基本保持一致，没有实质性的差异，最大的不同在于服饰的颜色上，畲族服饰大多为蓝色，这也是前文提到的畲族文化的特点之一。

近代丽水式头饰为由珠链缠绕在头上的高冠，与其搭配的发式也别有特色。而从 20 世纪 70 年代开始，丽水式头饰已简化为发箍，从前额向后脑包覆系紧即可，装饰也为红绿金相间，比较浮夸。时至今日，现代丽水头饰的造型演变为一个黑色头箍，头箍中间竖起一个红色布包小三角，上面再缀以珠串装饰。所有装饰均固定于黑箍上，因此佩戴时非常方便，只需将黑箍套在头上即可。或许正是因为其便利性，丽水式头饰在很多畲族人居住地区广为传播。

（三）畲族服饰的采借

在 19 世纪 80 年代之后，众多来自浙江、淳安等地的畲族人迁移到安徽一带，其中还有少数的福建人。在安徽其他地区生活的畲族人，均是因为婚姻、工作等原因来到此地。在畲族人口集中地千秋村，村落中的村民不是福建人就是浙江人，此地区的文化深受两大省份文化的影响。千秋村畲族人的服饰独具特色，装饰风格多种多样，常见的有福建霞浦式、浙江丽水式等。畲族人会对这些风格进行混合搭配,头饰与服饰有时会以不同的装饰分割,并且这种现象在千秋村普遍存在。

除了上述提到的风格外,畲族服饰中还存在一些外族服饰的元素。原始的畲族服饰已经随着社会的变迁而逐步趋向多元化,单一的传统畲族服饰也逐渐被渗透进现代元素。

(四) 畲族服饰的消隐

畲族人是广东早期的居民之一,闽浙地区的畲族人一直流传自己的祖居地在广东潮州的凤凰山。1988 年以来,韶关市的南雄、始兴、乳源等地以及河源市郊区及东源县、和平县、连平县、龙川县等地部分蓝姓群众经民族工作部门调查识别,并报经上级政府批准,先后恢复了畲族的民族成分,由此促成 20 世纪 90 年代的畲族人口大增。中华人民共和国成立以前,广东的畲族人一直不断地流动迁徙,只留下凤凰山的潮州,莲花山的惠东、海丰,罗浮山的增城、博罗,九连山的河源、连平、和平、龙川等目前被认为是较大的畲族聚居区。其他人口则分别散落在各市、县乡村之间,形成了"大分散、小聚居"的分布格局。

在原始的畲族时代,畲族人的服饰大多都为青色或黑色,男性的上衣是十分规矩的中式服装,下身较为宽大;畲族妇女的穿着十分贴近汉族,上穿大襟右衽,裤边有众多起装饰效果的花边,并且颜色各不相同。值得一提的是,畲族妇女在日常生活中是不穿鞋子的,只有逢年过节或回到自己家中时才会穿鞋。畲族的小姑娘都喜欢将头发用红线扎成麻花辫,前面会留一点刘海。畲族妇女的头发就不会梳成麻花辫,而是将头发全部盘起来形成髻,还会在头顶盖上头帕。这种原始的装束流传至今,潮州的一些妇女今天还保留这种服饰,但大多数畲族人都已经换上新潮的服饰。

尽管畲族服饰在不断发生变化,但核心文化始终没变。在政治经济的飞速发展中,畲族文化向多元化,走向世界并迎来了发展的新纪元。畲族服饰演变的过程实质上也是畲族人生活方式、生活水平、政治经济文化变化的直观体现,从此过程中也可以发现畲族文化的强大和其独特的魅力。

第四章 畲族服饰的形制及其特性

畲族服饰文化最突出的特征就是女性服饰凤凰装，它流传在民间，在赣、浙、闽、粤各地均有流变。在此过程中，凤凰装的形制与文化特性也随之改变，本章即从畲民身着的男装女装，凤凰装的形制区别及其所蕴含的文化特性与自觉改革进行阐述。

本章内容包括新时期畲族民族服饰制作工艺概观与保护传承途径、新时期畲族民族服饰制作工艺发展现状与传承问题分析、新时期福建畲族传统服饰文化与制作工艺活态保护对策、新时期畲族民族服饰中银饰的制作工艺与传承发展研究。

第一节 畲族服饰的男装与女装

一、畲族民族服饰的形制

浙江、福建一带的畲族虽属同族，民族信仰、民风民俗上的一脉相承使得服饰上具有一定的共性，但是各地服饰所表现出来的差异性也是显而易见的。这种差别是迁徙过程中，各地区独有文化不断完善发展的结果。一是经济原因，闽东、景宁等地，畲族人在此地生活时间较长，经济有了一定的发展，有能力美化自身，因而用的银饰品就多，而其他地方就少，云和、丽水、遂昌等地只能采用红布裹竹筒代之；二是受当地文化的影响，浙南、闽东等与温州相邻的地区，吸收了温州发达的刺绣工艺，服装上的刺绣内容就特别丰富；三是服饰到新的一地，会发生一些小的变异，得到认可之后，就成为一种特有的标志，并不断延续。总体来说，浙闽地区的畲族服饰可以视为基本服饰。基本服饰是指畲族人日常生活中的常用装束服饰品。

畲族男子多为穿大襟短上衣、阔脚裤，头戴斗笠，腰扎布带的形象，与汉族人无异；而女子服饰仍保留有民族特色，尤其是璎珞裹布的头饰极有特色。畲族女子服饰在服装组成部件上都是由上衣、下装、拦腰这三个主体部分构成，上衣大襟，下装为裙或裤装，小腿处有绑腿以便山间行走及劳作。旧时服装受门幅所限，前中心均有破缝，近现代新制服装则不受此限。

受历史迁徙的影响，畲族的传统服饰逐渐被汉化。只有畲族女性服饰还保持一定的民族色彩，其中以出嫁服饰——凤凰装最为典型。

畲族人的传统服饰自成体系，从最初的椎髻跣足、衣尚青蓝，到清末民初后男子服饰逐渐与汉族相同，唯女子装束仍袭旧制，戴珠冠，上身穿大襟花边衫，下着阔脚长裤，腰系素色围裙，仍保留着极具民族特色的衣装及头饰。

畲族人不论男女，服装均喜用麻，服色尚青蓝。明清以来畲族人亦以擅"种菁"制靛闻名，因制出的蓝靛品质极佳而被称为"菁客"；且畲村家家种苎、户户织布，有的畲村因此成为"苎寮"。浙闽之地的畲族妇女都会织麻布，她们用自己种出来的苎麻捻纱织布，并用自产的蓝靛漂染，所以青蓝色苎麻成为畲族人最常见的服装材料。畲族人这种自织自染的习惯一直延续到 20 世纪 60 年代。妇女在芒种时开始种麻，一年可以收成 3 次（4月、7月、9月）。麻收割后，打掉叶子，去皮，浸入水桶内，再刮掉第二层麻皮，置于阳光下晒干后，把它揉成线，然后加以纺织。一名妇女一天只能织宽 2 尺许、长 1 丈 5 尺的麻布。平均每户每年只能生产 0.5 千克麻线，可以制 2 件上衣和 1 条裤子。直至 20 世纪 60 年代，景宁畲村里还有穿着自织自染的青蓝色大襟上衣的，但 20 世纪 80 年代后逐渐减少乃至消失，服装多购买成衣或请裁缝制作。浙闽两地的畲族服饰男装差异不大，基本与汉族相同，现代民俗活动和表演中的畲族男装则多为镶有花边的对襟衫。女装因地域不同存在一定的形制外观差异，以浙南、闽东一带的服饰最具典型性和代表性，是最富畲族特色的装扮。

值得一提的是，由于传统窄门幅的限制以及畲汉服饰文化交融的影响，传统畲族服装的裁剪结构为"十字型平面结构"，即以肩线为中线前后片连裁，通过在衣片前后中心线与两边袖口处拼接弥补布幅宽度的不足。下面对浙闽两地畲族传统男装、女装、冠髻、鞋帽和其他服饰品分类进行详细阐述和分析。

（一）畲族民族服饰中的男装

畲族人衣尚青、蓝色，着自织麻布，男子向来不巾不帽，以苎麻布和棉布缝制成蓝黑或蓝色服装，日常多着短衫便于劳作，衣衫有对襟和大襟两种。清代以来畲族男子日常服饰逐渐与汉族趋同，平民为大襟无领青色麻布短衫，下着长裤，冬天穿没有裤腰的棉套裤。图 4-1 为畲族男装。

民国时期，丽水地区畲族人中，家境较好的男子着长衫马褂，青年男子着西式衬衫长裤，与当时社会的主流着装风格一致。传统畲族男子服装冬季为大襟衣衫，开襟处镶有月白色或红色花边，下摆开衩处绣有云头；夏季穿大襟短衫，衫长过膝，圆珠铜扣，衣领、袖口有镶边。清末民初时浙江畲族人男子"布衣短褐，色尚蓝，质极粗厚，仅夏季穿苎而已"。后来随着社会经济的发展，以及西式服装风貌对汉族服饰的影响，畲族人与汉族男子一样，富裕家庭中的年长者穿长袍，年轻人受现代装束和风气影响逐渐开始穿裁剪合体的西式衬衫长裤，近现代以后穿衬衫西裤。

旧时畲族男子结婚时穿长衫，长衫的衣襟和胸前绣有龙形图案花纹，四周镶红、白花边，开衩处绣有白云图案，头戴青、蓝色或红色方巾帽，有的地方戴红顶黑缎官帽，帽檐镶有花边，帽后垂着两条尺余长的彩色丝带，脚穿黑色布靴（鞋）。婚礼时戴黑缎官帽，俗称"红缨帽"或"红包帽"。帽檐宽且外敞，顶缀直径约 2 厘米的铜质圆球或红布球，并系以红缨穗，后改用圆檐礼帽。近现代以来，畲族婚礼分成传统婚礼和西式婚礼两种，传统婚礼中新郎穿着现代风格的对襟贴花边男装，西式婚礼中则穿着西装。

（二）畲族民族服饰中的女装

畲族最具民族特色和代表性的当数女子服饰。畲族女子平日常服与婚礼服一致，各类

图 4-1　畲族男装

史料记载中对于畲族女装的记录言之寥寥，近代以后，随着民族学研究在我国兴起，一些研究者深入实地进行考察，对畲族人的生活风俗进行了较为详尽的描述和记录，里面包含了对畲族女子服饰的详细记录。图 4-2 为作者访问国家级非物质文化遗产畲族服饰传承人兰曲钗老先生之子兰银才先生。

　　历史上畲族女性是穿裙子的，后来开始穿裤子，同时也保留穿裙的习惯，两者并存。畲族女子衣料以麻布自织，右衽的衣服领口和大襟边缘多镶有花边装饰，中青年女性服装

图 4-2　作者访问国家级非物质文化遗产畲族服饰传承人兰曲钗老先生之子兰银才先生

的花边多一些、宽一些，老年妇女的花边层数少且较窄，颜色较青年女性更为素净。畲族女子结婚专用的裙子称大裙，有筒式和围式两种，皆黑色、素面、四褶，长过脚背，故又称长裙。婚礼时，将之系于衣内，同时系束宽大的绸布腰带，或佩蓝色绸花。今多改穿红色长裙。

图4-3　畲族女装拦腰

　　福建的畲族服饰样式分支较多，尤以闽东一带为甚。就现代浙闽一带畲族服饰来看，浙江一带的畲族女子服饰着装形象比较统一，以景宁地区的式样为代表，可以概括为：头戴珠饰缀挂式凤冠，上衣为右衽圆领镶花边大襟衫，下装多为长裤或短裙，中间系有拦腰。浙江境内其余畲族聚居区如桐庐莪山、温州等地服饰均为此式样。福建地区的畲族分布面较广，各地畲族服饰形制略有差异，平时不戴凤冠，喜欢将头发梳成螺式或筒式发髻盘在头上，以红色绒线缠绕环束，着蓝黑色衣服，边缘多以红色或绣花装饰，总体服饰形象可概括为：以绒绳和真假发混合缠绕形成凤凰髻，身着右衽大襟衫，下着裙或裤，中间在腰部系拦腰（即围裙）。

　　不论浙江还是福建，拦腰是畲族妇女服饰中不可或缺的部分，福建畲族多称之为"合手巾"，也称之为围裙。不论哪个地方的畲族女装，可能在领口、大襟的样式上有些许变化，但在腰间均系有拦腰（图4-3）。拦腰形似围裙，多为棉麻材质，以黑色居多，上面或绣有精美的图案，或挂有精致的装饰。腰头由一根彩带固定，彩带多为畲族姑娘自己绣制，并伴有极具民族特色的图案及文字。彩带拦腰截断了畲族女性上半身和下半身的装饰，使得装饰物集中分布于上半身。随着社会的发展，大多数的畲族女性选择用现代服饰替代传统服饰，但拦腰这一传统装饰却未被淘汰，甚至成为部分畲族妇女的日常装扮。

　　畲族妇女结婚服装与日常服装相似，一些地区也随汉族习俗有蒙红盖头的传统，但头饰佩戴上存在差异：景宁地区新娘装喜用红色取代平时的蓝黑色面料，福建各地新娘则着日常民族服饰（图4-4）。

图4-4　福建畲族婚礼女装

浙闽两地畲族女子服饰可分为景宁、福安、罗源、霞浦和福鼎五种式样，这五式服饰目前穿着人数最多、覆盖地域最广，具有一定的典型性。

第二节　各地畲族凤凰装的形制

民族的外在文化心理能够通过服饰来体现，同时服饰也能够表现出民族间的不同。畲族的服饰非常有特色：男子身着短衫，不戴头巾和帽子；妇女则将竹冠蒙布戴在高髻垂缨的头上，配以璎珞状的装饰。畲族男子的服饰与当地男性基本相同，但畲族妇女却会将花鞋、彩带和花边衫都穿在身上，着装十分绚丽。

苎麻最早由中国南方的少数民族种植，他们将其作为纺织原料使用，国外称其为"中国草"。在以前，每家每户都会种植苎麻；到了现在，有些畲族人还是会种植苎麻。畲族人会去掉苎麻的"骨头"和"皮"，然后将其晾晒，再由妇女将其捻成线，最后织布做成衣服。做成的衣服用稻草碱水煮，煮完再用水漂一天，就会变得柔软；不漂的衣服会有点硬，但很耐穿，而且在夏天穿会非常凉快。由于自产自用，所以畲族人长期是"无寒暑，皆麻衣，男单袷不完，勿衣勿裳，女短裙蔽膝，勿裤勿袜"。

传说畲族饰品是凤凰所赠。服饰除适应生产发展的需要之外，还以遮身蔽体为目的，并在此基础上发展为追求美的装饰，头簪这样的装饰尤其如此，髻椎起来后，要插上一根横条，才能固定住，于是有了头簪。头簪多数用动物的骨或银制成，而早期用的是柴条。头饰别柳条的传统，就源于在头上别柴条。

畲族传统服饰的类型分为普通的劳动服装和重要节日和婚丧嫁娶时所穿着的盛装礼服凤凰装。

劳动时服饰简单，福州畲族人"男椎髻，短衣，荷笠携锄。妇挽髻，蒙以花布……围裙着履，其服色多以青兰布"。古田畲族人"竹笠草履，勤于负担。妇以兰布裹发……短衣布带，裙不蔽膝。常荷锄跣足而行，以助力作"。其他地区亦然。

跣足，畲语称为"赤足"，是畲族的一大特点。其原因主要为：一是南方天气热，田间劳动不用穿鞋；二是生活艰辛，能省则省，所以一般是"赤脚"；三是跣足比穿鞋更灵活，一些不易攀登、行走之处，光脚行走更稳，即"以助力作"。

古时畲族妇女不缠足，是由于妇女一直从事比男子更为繁重的劳动。头上蒙以花布，一是以布代冠，因劳动时不能戴头冠，用花布、毛巾代之；二是以花布、毛巾蒙头，能保护头发、头部的卫生；尤其是冬天，可以起保暖的作用。

而凤凰装则华美优美，而且在不同地区，也有所不同。

一、畲族凤凰装的服装形制区分

畲族人过年过节、庆喜、农闲走访亲友时穿礼服，又称"龙冠衫""郎冠衫"，结婚时穿的衣服则称为"新郎冠衫""新来主衫"。男穿青色或蓝色的长布衫，四周用月白色或红色镶边，在长衫下摆的开衩处绣有云头。男性服饰简单，故地区差异不大，基本相同。女服式样比男服多，有大凤冠、小凤冠之分，一般都以自织青色麻布取料，无翻领，袖口和右襟都镶有花边。妇女头戴笄，脚着自制花布鞋，腰系花带或布。不同地区的畲族女子礼服，即"凤凰装"差异较大。

（一）罗源式凤凰装

罗源、连江、福州等地畲族妇女的上衣为黑色大襟交领式，两旁开深衩，后裾长于前裾，衣衩后裾内缘滚有白边，通身无扣，仅在右衽襟角有两条白色系带。在领口、两襟及袖端均饰有花边。花纹为字纹和各种花卉纹饰。年轻妇女还有在胸部左右饰一副银"扁扣"的。围兜除左右及底部的白边上滚缀三组红白相间的直线纹、间隙镶花边外，兜身中央还绣上两组对称图案。四个角的图案均为扇形，绣工精美华丽。盛装时，腰间系有丝织腰带，俗称"手巾"。腰带两端有红色长顶，带上饰有各种几何纹样。穿黑色短裤。结婚时着花鞋，前端有二撮彩色璎珞，鞋面绣有各种花纹。饰物主要为耳坠、手镯和戒指。

罗源式凤凰装兴起并流行于福建罗源一带，与其他几种畲族传统服饰相比，罗源式女装在衣服样式的设计及制作上差异较大。其最大限度地保留了畲族传统服饰特征，一度被评为畲族女性代表性服装。（图 4-5）。

图 4-5　罗源式凤凰装

花边是该款服饰最大的特征。罗源式凤凰装上衣以黑色为底色，并镶有各式各样颜色艳丽的花边。依据着装者的年龄差异，花边层数及颜色的选取也不尽相同。一般而言，年轻的畲族女性上衣花边层次多，颜色鲜艳；而老年畲族女性上衣层数少，颜色也以素雅为主。花边的装饰位置在肩领部位、袖口和拦腰的边缘，和镶嵌装饰带夹杂、间隔使用。上衣的肩领部位大量使用成排的花边装饰，花边层次多的可以排到肩侧乃至腋下。花边分两部分，靠近领口和门襟的是内层，按照一条花边加一组镶嵌带的形式间隔构成，内层所用花边较窄，约 1 厘米宽。镶嵌带宽约 1.5 厘米，由红、白、黄等色的布层层相叠组成，下一层比上一层倒吐 0.1~0.2 厘米的边缘出来，形成装饰。一般各色反复间隔 4~6 次构成一组镶嵌带，这种镶嵌装饰当地俗称"捆只颜"。盛装、礼服的"捆只颜"多的缝 3 组，并列宽达 10 厘米，袖口亦缝"捆只颜"和花边。老年妇女和少女的衣服上则只缝 1~2

组。外层完全以花边镶拼而成，所用花边较宽，约 1.5～2 厘米。早年的花边多为自制或绣花，机制花边出现后逐渐为机制花边所替代。前领口至门襟转角处花边排列的方式有直角式和圆角式两种。后领口嵌有一块黑底彩绣，宽约 3～4 厘米，从左颈侧向后绕至右颈侧，上面彩绣几何纹样或花鸟图案（图 4-6）。蓝底白花的腰带在通身黑底红白相间的花边中显得非常突出，整体色彩斑斓，花边和流苏垂在后腰，象征着凤凰的尾巴，盛装时加上头顶的红色凤凰髻、绑腿上的五彩绑带和花鞋，把罗源的畲族姑娘打扮得像一只五彩的凤凰。

图 4-6 传统罗源式凤凰装上装与围裙

罗源的未婚女青年，一般头顶红色绒线圈装饰，服装为黑色大身镶大量花边，拦腰也非常繁复华丽，袖口镶嵌排列大量花边，下着裹裙和绑腿。老年妇女梳高耸的凤凰髻，系蓝色头绳（新婚或年轻已婚女子为红色绳），衣领简单装饰花边，面积窄小，拦腰边缘饰带简单，四角有绣花，中间露出的黑色底布面积较大。尽管可以使用高速平缝机，一件装饰华丽的罗源式上衣也需耗时 6 天左右方能完成，其中精致繁复的"捆只颜"镶滚和手工绣花最费时间。一件罗源式上衣的尺寸大致为：前中心连裁，通袖长 133 厘米，衣长 75 厘米，底摆宽 57 厘米，两侧开衩高 26 厘米，袖口宽 13 厘米，领口有黑色底布彩绣几何花纹的装饰，领口绣花边缘至肩部为"捆只颜"直角花边装饰（另有以圆角花边装饰的做法），宽达 18.5 厘米，宽窄花边共计 10 条。底襟较前后片大身稍短，有系带和左侧系合固定，右侧腋下有大红色系带以固定大襟片。腰部以下无装饰，因衣服外要搭配同样装饰手法的罗源式拦腰。整体服装色调亮丽、装饰繁复，显得极为华丽。

和服装一样，罗源式拦腰装饰最为华丽。裙面形状略方，腰头为白色棉布，两端有与腰头同宽的布带（不是彩带），裙面两侧和底边以层层排列的花边和红白相间的"捆只颜"镶嵌带（和衣领内层花边相同）为饰，和服装肩领部位的花边呼应，裙面四角通过贴补和刺绣形成精美的角隅图案（有的只做下边两角），图案花纹以大朵的云头纹为其特征，非常醒目华丽。罗源式的拦腰系带与其他几处的不同，除了固定用的系带外，腰部以蓝底白花的合手巾带束于系带外，带宽约 3 寸（10 厘米）。罗源式拦腰，裙面基本为正方形，宽

50 厘米，高 50 厘米（含腰头 10 厘米），腰带展开后总长 92 厘米，除了外层的镶边装饰外，裙面内层有花布补绣的云头图案，四角是彩色刺绣角隅纹样，左右上角为鲤鱼纹样，左右下角为凤鸟纹样。罗源式拦腰整体装饰华丽，和本地区服装装饰风格一致，两者交相呼应，搭配穿着形成斑斓绚丽的外观效果。

罗源式女装的下装一般都为黑色半截裹裙或黑色半截短裤，裙（裤）下打黑色绑腿。裙边配五彩柳条纹刺绣几何纹，非常醒目。罗源式半截裹裙为黑色棉布材质，裙摆边有红色、黄色为主的几何形柳条绣花，间隔 10 厘米左右以黄色星点缝固定一条长 6～7 厘米的红色线绳直线装饰，这种摆边和红色绳线装饰是罗源裙子的代表性特征。裙长 55 厘米，裙宽 140 厘米，腰头宽 5 厘米，底摆绣花花边宽 3 厘米；在腰部两侧有对褶，使裙子腰部更适体，腰头两侧装有带襻，穿着时以布带穿过带襻扣系在腰间。

（二）福安式凤凰装

福建福安一带的畲族妇女喜欢穿着蓝黑色棉麻上衣，再配以圆领大襟衣。大襟衫分前后两部分，前衣部分采用一字扣设计，纽扣多为银制。后衣部分略长于前衣，花色较素。大襟的袖口、服斗边缘等部位会绣有精致的图案和花边。除了这些必要的装饰外，大襟肋下会有一块三角状的红布，红布上会绣有精致图案和花纹，这块黑底红边金印角历史悠久，也是福安式上衣区别于其他畲族服饰的最大特征，千百年来，传承至今。福安式女装领口较低，但配有精美的刺绣，因此常用作礼服等。

福建宁德民间收藏家所收藏的福安老式上衣，衣身为黑色麻布，领圈为红白棉布绲细边并彩绣马牙纹，服斗大襟边为红色棉布包边，直角襟，袖口 8.5 厘米处有接缝，可能是由于布幅面不够而进行的拼接。袖口无花边，袖口和开衩内侧红色棉布贴边服斗处的红边外，依次为白、黄、白、红、白的极细镶边，服斗处三角印边缘和领部一样为彩绣几何缘饰，装饰朴素简单，应为老年妇女所穿日常服。衣服衣长 67 厘米，前胸宽 43 厘米，底摆宽 53 厘米，通袖长 127 厘米，袖口较窄，仅 11.5 厘米，两侧开衩高 22 厘米，领座后中心高 2.5 厘米，领口处约为 2 厘米，领宽 15 厘米，前领深 8 厘米，后片比前片长约 3 厘米，两侧起翘 3 厘米，大襟处镶边宽 1 厘米。配红色一字扣，纽扣为银质，扣面刻阳文"福"字字样，领口一粒扣，服斗大襟上端两粒扣。整件衣服黑底红边、小领窄袖、简单朴素。

另一件年代较早的上衣，绣花装饰更加精美：黑色棉布大身配红色镶边，通袖长 127 厘米，衣长 70 厘米，胸宽 53 厘米，底摆宽 56.5 厘米，袖口宽 13 厘米，后片大身略长于前片，前后片相差 3 厘米。配一字扣，扣位与前一件相同，腋下有红色系带。开衩高 22 厘米，开衩内层为红色棉布贴边。领口和大襟的绣花较前一件更为繁复精致，除了马牙几何纹外，领底座和三角印外缘有一条卷草花卉纹样，三角印内彩绣凤凰图案，大襟镶边颜色依次为：大红、水绿、大红、浅黄、玫红，每一层之间用白色线镶绲分割，整体风格沉稳、精致、秀美。

所见的其他福安式上衣，基本制式相同，喜欢在黑色服装本料上加红色镶边或装饰，绣花图案也以红色基调为主，不同的服装在领口的绣花图案和服斗三角印处绣花有所不同，但领口都是几何形图案，三角印处除了凤鸟纹外，牡丹、莲花等花卉纹样也较为常见（图 4-7、图 4-8）。

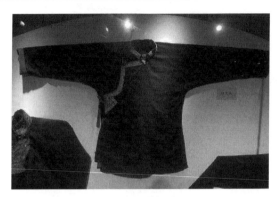

图 4-7　福安式凤凰装上装

图 4-8　上装三角印服斗处

作为畲族女性服饰整体形象中必不可少的配件，福安式拦腰的裙面为蓝黑色棉麻，腰头及左右镶边为红色，腰头两端系彩带固定，彩带比景宁式的略宽，裙面装饰比景宁式拦腰略精致，在黑底长方形裙面、大红色棉布腰头的基础上，在裙面上端左右各绣一对称的花篮图案。福安式拦腰裙面上绣花的装饰位置固定在左右上方，图案多为盆花（花篮），两个侧边有多层彩色布条镶边，从外至内一般为大红、浅黄、水绿、玫红，和领口及大襟的镶边一样，彩色条边中间均以白色间隔，宽度约为 1 厘米（图 4-9）。

图 4-9　福安式拦腰和彩带

（三）霞浦式凤凰装

霞浦妇女凤凰装为右衽大襟式，尚黑色，襟角为斜角，前后裾等长，与前面两地不同。领口有一布扣或银扣，襟角下有系带。衣衫袖口及两侧衣衩内缘均滚蓝色，系带也是蓝色。图案花纹为几道红色平行线或花卉及其他纹饰，颜色以深红为主。其特点是两面都可以穿，因此，衣衫内左衽也是大襟式，也有系带。当地畲族女子结婚时穿黑色素面长裙，裙子系于衣内，显得很朴素。围兜与福安式相似，兜身有褶，黑色，两侧绣花，配有白色素面系带，由纽扣连接。绑腿与罗源式相同，但多为白布所制，末端有红色璎珞和紫红色长襟，系好后红璎珞垂于小腿上。当地畲族女性习惯穿长裤，绑腿只是作保暖和防护用。穿绣花鞋。

霞浦式女装因流行于霞浦一带而得名。其样式与福安式女装相似，但略有区别。首先表现在霞浦式女装的大襟前后长度相等，因此前后两面都可以穿着。如遇盛大节日或重要场合则穿着正面，日常生活和劳作时就穿着反面。为了便于反穿，霞浦式女装大襟、小襟连同服斗前后的尺寸也都保持一致。其次表现在霞浦式女装的前襟、领座等部位的工艺更为精湛，刺绣的图案更为精美，色彩更为绚丽。凤凰、牡丹、梅花等寓意美好事物的图案以及大红、桃红等艳丽的颜色，常用于霞浦式女装。至于肋下部分的设计，霞浦式女装和福安式女装一样，也选择了以系带来代替纽扣。

霞浦式女装的刺绣设计也十分讲究，以服斗为例，服斗的刺绣集中于上角，自内向外延伸。畲族女性会以衣襟、领口、胸口等部位所绣的花边组数及花边宽度来区分服饰。在畲族传统中，衣襟上所绣花边的组数称为"红"，所谓"一红"即指有一道花边，以此区分"一红衣""二红衣"和"三红衣"等。除了看衣襟的花边外，还可以看领口的花边。衣服上所绣的花边越多，就代表其越珍贵。一般而言，"一红衣"由畲族少女或老年人穿着，"二红衣"在日常生活和劳作时穿着，只有"三红衣"才在盛大的节日、重要的场合穿着。其花边数最多，花边最宽，领口也多为花领，刺绣工艺十分精湛，是身份和地位的象征，多用作礼服等（图4-10）。

图 4-10 霞浦式凤凰装上装

霞浦式拦腰和福安式相仿，但腰头和两侧镶边为蓝色棉布，两侧有带祥以供系扎彩带。与景宁式和福安式拦腰平整的裙面不同，霞浦式拦腰在裙面上方左右两侧打褶，褶上端为彩绣团花，花型较福安式更为紧凑密实。褶裥使裙面产生一定的松量和起伏。一些精致的拦腰还沿着左右侧边和上侧边缘绣有带状绣花装饰，更精致的则有两层绣花带，绣花繁复而精致，图案以凤鸟、花卉为主，也有暗八仙、人物故事等题材。这种有精致绣花带的裙面左右及上侧边缘以层叠彩色绳边装饰进行分隔（图4-11）。

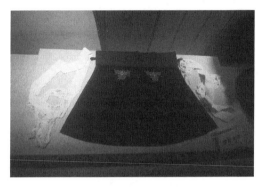

图 4-11 霞浦式拦腰和彩带

（四）福鼎式凤凰装

福鼎式凤凰装的特点是复领黑色右衽大襟式的上衣，领子既有大领也有小领。红绒球一般会装饰在盛装衣服的领口处，衣襟的右侧会衬有红色飘带。几何图纹、花卉、动物都会作为图案出现在衣服上，非常精美。结婚时的裙子有两种款式，即筒式和围式，都为黑色。银饰很丰富，妇女会将刻有八仙及祥瑞动物的银花插在头发上，通常一组有三朵：下方为凤鸟，有 12 只；中间为狮子，有 10 只，上方不定，做工都非常精美。还有一种内含铃铛的银花，上面有五朵小银花，俗称"金针花"，轻轻摇动就会发出非常悦耳的声音。少女耳饰是曲形银钩，下面挂着银牌，俗称"耳牌"。妇女耳饰与福安地区相同，只是环状略小些。手镯、戒指形状比其他地区简单。小孩有佩带"银牌"习惯，银牌中有一八角形，上铭八卦纹，中心为双鱼纹，下吊有三角形银片，两侧有铃铛。妇女婚服，除"凤冠"、挂耳饰、银花遮面、料珠垂肩外，还束上大红宽腰带。穿花鞋。

福鼎式凤凰装流行于福鼎一带的畲族村落。上衣为立领黑色大襟，衣领有内外两层，内领较高，约 4 厘米左右。外领较低，约 1 厘米左右。两层衣领均镶有刺绣，领口处还有两个颜色艳丽的绒球。上衣一般为黑色，大襟服斗处有一块宽至前中心线的刺绣，以桃红色为主要色调，加配其他色线。刺绣的花纹面积较大，花朵也很大，值得注意的是，福鼎式凤凰装上衣服斗处绣花喜用人物图案，多为人物和花鸟动物图案组合，人物形象多为头戴花冠、腰扎彩带的舞台人物造型。侧缝服斗末端靠近腋下处有两条红色飘带，长约尺许，宽约 1 寸，飘带头为宝剑头造型。两侧衣衩内缘镶红色贴边条。袖口有三层彩色布条镶边，多为红、黄、绿或红、蓝、绿色，当地群众说这三层镶边代表畲族的雷、蓝、钟三大姓氏（图 4-12）。

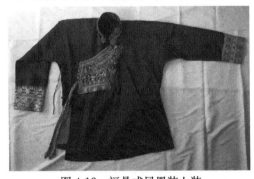

图 4-12 福鼎式凤凰装上装

福鼎式拦腰呈长方形，黑色，长约 30 厘米，宽 45～50 厘米，腰头以红布或花布做成，宽约 5～6 厘米，两侧以彩带系缚固定。青年妇女的节日盛装也有绲彩边、中间绣花的样式。裙面与其他几种式样不同，为双层裙面，即在普通的青蓝色裙面的基础上再增加了一层长宽均小于外层裙面的小裙，呈 U 形，多为水绿色绸缎或红色织锦缎制成，近代的拦腰亦有用丝绒制成的。大裙面多以素色为主，偶有少量绣花或花边；小裙面上一般不绣花，或在边缘镶嵌一条花边（图 4-13）。

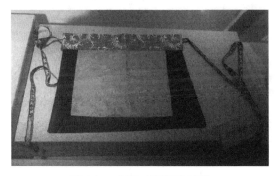

图 4-13　福鼎式围裙和彩带

（五）顺昌式凤凰装

顺昌妇女衣服的独特之处，在于平时穿裙打绑腿。上衣为黑蓝二色，右衽大襟、微领，衣身较宽大，前后裾等长，袖口及衣衩内缘滚红边，领及襟角有简单纹饰，通身使用布扣。裙为黑色，长过膝，上沿有白边，两侧边缘滚有红绿布边，上饰黑色几何纹。绑腿也是白色，配有红色、黄色系带，打好的绑腿为红黄白色相间。银饰有头簪、耳扒、耳环、手镯、戒指等，其形制与其他地区类似。

（六）景宁式女装

清末民初时期，大多数地区的畲族女性服饰以"阔领小袖"为主，而景宁一带则沿袭传统，以极具民族特色的花边衫为主。花边衫以青、蓝为主色调，腰间系以拦腰，上衣下裙。这种服饰传统一直延续至中华人民共和国成立初期。后来随着时代的发展，只有少部分畲族老年妇女还会穿着传统服饰，年轻人都已改穿现代服饰。现在仅有景宁地区还保留着衣尚青蓝的传统。

至 21 世纪初，该地畲族女性服饰形似汉族服饰大襟衣，长至臀部，领口和袖口处拼接有彩色镶边，并绣有精致的图案。在畲族服饰中，彩色镶边极为讲究，花边一般有 4 至 5 条，预示着丰收。服饰的底摆一般没有太多装饰，十分朴素，纽扣使用的也是传统的一字扣，拦腰以下为筒裙，有长裙和短裙两种类别，一般日常穿短裙，长裙结婚时穿。裙长及小腿肚到脚面，下有绑腿，以布带或自织彩带作为系带固定，绑腿长度自膝盖至脚踝。

景宁畲族博物馆内收藏的景宁畲族传统花边衫，服装基本式样与汉族大襟衫相仿，材质为青蓝色麻布，领口及领圈有浅豆绿色绲边，右衽大襟，两侧开衩。领部至胸口大襟处的镶边是其特色，镶边较宽，且自右向左呈直角状跨越服装大身前中缝。服装从左侧锁骨位置一直延续到右边肋下侧缝为连贯的镶边装饰带，从衣襟边缘往外依次为宝蓝、大红、豆绿、紫红、土黄、天蓝色镶边，豆绿色最宽；上面饰有红色盘长结，最外侧贴白色花边，两边袖口有极细的蓝色镶边与衣襟边缘呼应。整个衣服通袖长 112 厘米，衣长约 70 厘米，领深 8.5 厘米，领座高约 3 厘米，色调素雅，工艺精细，整体较为窄小贴身，应为中年妇女日常服饰。

不同地区的畲族女性服饰大同小异，于是"凤凰装"和"凤凰头"成了这些服饰和发饰的统一称谓。例如将福安式发型的发顶比喻为凤凰背部，发型比喻为凤凰的身子，发髻则为凤凰的翅膀；将装饰在罗源式发型上的红毛线球比喻为凤凰的丹冠，凤凰的头部为整个发型；凤凰的尾巴则用霞浦式的高髻来比喻。畲族人对于罗源式服饰有着奇妙的解释，将少女服饰比喻为小凤凰，将年轻妇女的服饰比喻为大凤凰，将老年妇女的服饰比喻为老凤凰。凤冠用年轻妇女的头髻来表示，凤凰的领脖为衣领、腰为衣边、翅膀为袖口的花边、腹部为围兜，凤尾用身后有刺绣的飘带来表示，凤爪则用五颜六色的脚绑和绣花鞋来表示。

二、畲族凤凰装的头饰形制区分

在头饰方面，畲族男性头饰与汉族无异，但畲族女性却有特有头饰——凤冠。凤冠是畲族最具民族色彩的头饰，一般用于女性出嫁。在畲族传统习俗中，畲族女子从出嫁时开始佩戴凤冠，婚后则成为常用头饰。随着时代的发展，浙江一带的畲族女性仍保留这一传统，但福建一带的畲族女性只在出嫁那天佩戴凤冠，平时用由红绳和头发盘成的发簪替代。因此，在日常装束上浙闽两地的畲族形成了明显的差异，即浙江畲族女子在穿着民族服饰时均佩戴珠饰凤冠，而福建畲族女子则只有婚礼时才佩戴，平时则以独特的凤髻束发。福建地区的凤冠随着从日常佩戴物演化为仪礼性装饰，演变得更具仪式感和隆重感，不同地区的样式也各具特色。

由于浙闽两省畲族女子日常发饰存在差异性，本书将凤冠与发髻合并在一起进行讨论。以往的很多研究将两者混淆，因此，本书对凤髻按照以下标准进行界定：凤髻主要由红绳、假发以及真发编织而成，其佩戴于畲族女性头发之上；凤冠则是在佩戴好凤髻并形成一定造型之后，再用银簪固定在发髻之上，系于头顶。浙闽两省各处的畲族女子的发饰可以清晰区分婚姻状况，未婚女子多以红绳系发辫，浙江已婚女子戴凤冠，福建已婚女子梳凤髻，也有因女子身份不同而对应地将其所属发式称为"小凤凰髻""大凤凰髻"和"老凤凰髻"的。

（一）各地凤髻的形制区别

因日常佩戴凤冠，浙江畲族女子盘发于脑后成髻，较为简单。福建畲族女子日常生活中喜用红绳线混合真假头发盘成凤髻，发式因地域不同、婚嫁与否而差异明显。

福建的畲族少女，将红线掺在一起，编成辫子，成圆形盘在头上，前留刘海。福安、宁德少女头的梳法是先将头发分为前后两部分，后面的头发扎成坠壶状，再将前面的头发中间的大部分扎平，并与后面的头发一起扎紧，然后由右向左盘绕额头，再用红毛线缠绕于额上，插上少女银簪。其他地方的畲族少女，头饰简单，多把头发梳成一根或两根辫子，辫尾扎红头绳，额前留刘海，无特殊饰物。

罗源地区的已婚妇女发髻高耸，最为夸张，以竹箬卷筒、红绒线和大量假发夹杂梳成凤髻，用红色绒线缠发梳扎直至头顶，约达 15 厘米高（图 4-14），弯至额头，中间绕成一

块直径 8 厘米的圆形，再横拴小银簪。未婚少女通常
把头发盘梳成扁圆形，以两束红绒线分别饰于发角、
发顶，额前留"刘海儿"，或以红绒线夹杂发中，梳
辫挽盘头上成圆帽状。

图 4-14　罗源地区妇女发髻

　　福安妇女凤髻的梳法与少女头梳法大致相同，只
是加上假发，使发髻更加宽大。福安妇女脑后梳成爪
辫状，向上绕成盘匣式。发间环束深红的羽毛带或深
红色的绒线。正面额前发高是脸部的二分之一。发顶
中横压一条银簪，斜插耳扒、豪猪簪。未婚小姑娘均
将红绒线掺在发中，一起编成辫子盘在头上，至十五
六岁时梳成"平头型"，插两只小银簪。宁德不同于
福安，宁德式女子发髻上端宽大，边沿呈敞口状；福
安的则外形成上下直筒状，并稍向后倾。它往往在脑
后头发中加置约 5 厘米的长筒形的黑布团，以突出头
发的坠状，头顶如戴黑色大缎帽。

　　福鼎未婚女子把头发打成长辫，辫尾扎上长长一大束红毛线，而后将长辫盘在头上；
已婚女子将额上头发在左耳边梳成辫子，而后与脑后头发合在一起编辫盘成髻，套上髻
网，用银簪和发夹固定，有的少女还在前额留一绺"刘海儿"。中老年妇女在额上包一条
黑色绉纱巾，在髻上插发夹、银花。

　　霞浦妇女发型又称为"盘龙髻"，将前部一撮头发梳拢于左耳上，后部盘于头顶，以
红绒线和大量假发夹杂扎成盘龙状高髻，发髻用红色或紫红色头绳捆扎约寸许长的发带，
大银笄横贯发顶中央，发式犹如苍龙盘卧，昂扬屈曲，独具一格。霞浦少女的凤凰头式与
福安式大体相同，妇女头型较复杂，使用很多假发，云鬓高髻。梳法是先将头发分为前后
两部分，后部分约占三分之一，将裹黑纱布的竹笋筒扎在后股头发中间，使头发膨松，往
后、往下突出，呈坠壶状，再与中央的发束汇合，然后把前面的头发分成左右两部分，旋
成小股，从左往右绕过头顶扎于前面的发辫上，接着把整股头发从左往右绕于头顶，并不
断加入一绺绺假发，用发夹固定并插上银簪。这三股发束旋绕到一起，便形成高髻昂扬状
的发式。

　　此外，福建顺昌畲族妇女的凤冠式样别具一格，未婚女孩梳成独辫，扎以红色绒线。
女孩十六岁起开始使用成年妇女的装饰，头上戴铜簪冠（铜簪最多的 120 根，少者 60～
70 根），似扇状，并配以红绳、料珠，装成"扇形髻"，用红布条及几串小圆珠绕在头上。
但随着生活节奏加快，当地妇女逐渐将其简化为"扇形帽"，与发髻分开，只在节庆、表
演时佩戴。

　　光泽妇女的头饰也很有特色，先用豪猪刺理直头发，将头顶中间的头发扎起，随后将
其余头发梳拢于脑后并束好，再与中束头发合绾成螺髻，插上 10 厘米长的银簪，蒙上黑
色包头巾，最后用黑白花纹的红色带子缠绕四五圈。

　　浙江等省的畲族妇女梳发髻、戴银冠。银冠为一小竹筒，长约 3 寸，竹筒两边镶有银
片，并由两条料珠连接着，顶上用一块红布裹着，但也有不用红布的。

丽水地区的畲族妇女则戴外面裹着红色丝帕的小竹筒，将银片装饰在竹筒前面，三块银牌挂在前额上方，称为"髻牌"；一只挂有五至七束红色丝线的银簪插在头顶，称为"髻须"；一块三串白色珍珠盘绕的红色绒布披在头顶。从髻的构造来看，景宁县的畲族妇女发髻更为复杂，每对髻所需的白银就要十两左右。

坠壶状是江西和广东的畲族妇女会梳的头发样式，银簪和发网都不会少，到了冬天会包方头巾，并将红绒球缀在头巾的四角。

20世纪60年代后，畲族妇女的日常发式基本与汉族相同，除了少数偏远畲乡的老年妇女外（如霞浦的半月里村），只在二月二会亲节、三月三乌饭节、四月八牛歇节等畲族传统节日时才有一些人恢复原有发式，并且由于很多畲族青年都留着现代发型，无法梳传统发髻，故会用一些简化的、做成凤冠或凤凰髻造型的帽子和发饰来代替。

（二）各地凤冠的形制区别

畲族妇女的凤冠是畲族凤凰图腾最明显的表现。因畲族发源地凤凰山的传说，在畲汉文化交融的过程中，对于头冠的解释演变为凤冠。畲族女子的婚姻状况可以通过其冠饰发髻一目了然，女子出嫁前后所梳发式及头饰均不同。凤冠一般于女子结婚时始戴，由于畲族的民族习俗中寿服和婚礼服饰一样，所以凤冠也是畲族妇女逝世后入殓时使用的冠戴。史料中记载畲族女子"高髻垂缨""妇人高髻蒙布，加饰如璎珞状""冬夏以花布裹头，巾为竹冠，缀以石珠，妇人皆然。未嫁则否"。浙江和福建两省的凤冠样式存在显著的差异，凤冠的佩戴场合也不尽相同。

1. 浙江凤冠形制　浙江的凤冠"断竹为冠，裹以布，布斑斑，饰以珠，珠累累"，凤凰冠以竹片、石珠和银器制成，多以竹筒、银牌和红布饰于发顶，额前两鬓缀珠串数股，坠以刻花银牌。清光绪年间丽水一带"畲妇戴布冠，缀石珠"，民国时期浙江括苍（今浙江丽水东南）"妇女以径寸余、长约二寸之竹筒，斜截作菱形，裹以红布，覆于头顶之前，下围以发，笄出于脑后之右，约三寸，端缀红色丝缘，垂于耳际"。可见浙江凤冠以景宁和丽水两地的式样为主，竹冠覆顶，裹以红布，以细小的石珠穿成长串绕饰于前额及两鬓。景宁畲族博物馆在凤冠的种类划分中将景宁的凤冠称为雄冠式，丽水、云和泰顺的称为雌冠式：景宁式雄冠头高耸，珠串缀饰较多；丽水式冠头较为低矮，泰顺一带的则冠头较平，并排缀饰一排珠串，和丽水式同为雌冠式。丽水地区的凤冠较景宁一带的简洁矮小，悬挂的珠串缀饰不多，仅仅用来固定头顶的竹冠，竹冠上的红布较为突出，这一点与景宁郑坑的比较像。凤冠下的发髻梳法为：上半部分的头发在偏左侧脑后扎住，和余下的头发在后脑盘成扁平的发髻，凤冠珠饰的尾部为璎珞状簪子，插于右侧发髻。泰顺凤冠的冠头为扁平形，横向排列约10串银链珠串垂于前额，两侧垂有飘带，脑后发髻上插有银笄。景宁地区的凤冠也存在细微差异：民国时期的敕木山村、20世纪中期的黄山头村和现代的郑坑桃山村的凤冠整体造型较一致，头冠的尾部翘起和前额珠饰走向基本相似，两鬓珠串悬垂的量和比例稍有不同，景宁郑坑桃山村凤冠所裹红布较为突出。

景宁的雄冠式凤冠由头、身、尾三部分构成，凤冠上配以银牌、串珠等子以装饰。畲族人认为镶嵌着刻花银片的冠体象征着凤凰的身子，前部的立面象征着凤头，后部高挑部分象征凤尾，耳侧下垂的数片掌形银片象征凤脚，因此得名凤凰冠（图4-15）。其式样千百年来传承至今，有着悠久历史。在佩戴凤凰冠时，需先将头发梳洗打理好，盘成发髻，

并在发脚四周缠绕上黑色绉纱，头顶处放置银箔包的
竹筒，包以红布，银钗高挑，再将珠串穿在绉纱上，
用银簪固定，另系 8 串尾端结有小银牌的珠串垂于耳
旁，最后将凤身固定于发髻之上。凤凰冠一般用于畲
族女性出嫁，因此凤身上会雕刻一对象征幸福美满的
小人。传统的凤冠制作工艺烦琐、穿戴过程复杂且造
价较高，现今已成为传家之物。在盛大的节日或重大
活动中，慢慢采用简化式的凤凰冠代替。简化后的凤
凰冠冠体以绒布头箍为主，配有简单的装饰及图案，
佩戴也极为简单，只需要将系带系于脑后即可。但与
传统的凤凰冠相比，简化后的凤凰冠在做工上显得有
些粗糙。与雄冠式凤冠相比，雌冠式凤冠的冠顶较
低，凤身扁平，有若干银链垂于额前，银链尾端缀鹅
掌形银牌。

图 4-15　景宁式头冠

2. 福建凤冠形制　福建的凤冠以竹片、红布为构
成主体，装饰着珠子和银牌。福建各地的新娘凤冠样
式也不尽相同，但都以竹壳为骨架，外包红布缝成长方形的头冠。冠上缝一片片四方方的
錾有凤凰、蝴蝶等图案的银牌，轻薄如纸，再缀上红线穿起一串串的五色料珠，垂挂到冠
的四周。同时，冠上还饰有能遮挡面部的"圣疏"，其由一大块刻着双龙戏珠字样的银牌
和九片刻有鱼、花等图案的银片组成。当凤冠戴于头上时，这些银饰的链牌就会下垂至胸
前，以起到遮面的效果。伴随着头部的晃动，还会发出叮当的响声。

额前镶双龙、凤凰、蝴蝶、花木、鱼鸟等图案。上额正当中悬立一块"双龙戏珠"银
饰，左右两旁竖立两个武士，额正面贴镶两块长 12 厘米、宽 3 厘米多的银质"冠栏"片，
其下并排悬挂 4 片四方形有花纹的银片，表示盘、蓝、雷、钟四姓联姻。冠髻之后垂挂一
块錾有"双龙戏珠"等图案的银牌。髻上横插一根髻针，以保持冠的稳定。它是畲家嫁妆
之一，亦是畲族女子殡葬冠戴，旧时家庭困难者也有在新婚之时向他人借用的。霞浦式凤
冠与福安式较为相似，也有银牌遮面，但冠顶不似福安式向后延伸，而是向上高耸，冠身
以红布覆盖，冠顶尾部也缀有银牌。福鼎的凤冠形似牛角，主要以红布和银簪构成，有侧
垂叶、后脊和飘带、木簪、银片、料珠等构件，前额有银链成串遮挡，形似"圣疏"，但
数量和规模均大为缩减。

罗源式凤冠在人类学家凌纯声的文章中被称为罗岗式，被认为是最具图腾象征性的畲
族头笄，亦是以银箔包裹竹筒置于顶上，竹筒外裹以红布，竹筒前端有数串蓝色玻璃珠连
接至冠尾，分别自面颊两侧垂下，冠尾有方形红布象征凤尾（在犬图腾中则象征犬尾），
左前侧有银笄坠红色璎珞斜插头顶。这种样式一直延续至今，罗源畲族妇女在婚嫁时仍佩
戴这样的凤冠（图 4-16）。

可以看出，罗源式凤冠与景宁式凤冠的制式构件相似，在竹冠大小、珠饰数量和佩戴
位置上稍有变化，福安、霞浦和福鼎的凤冠之间也存在一定的相似性（图 4-17）。

顺昌妇女头戴扁形铜质发饰，俗称"头旁"。头旁是用丝瓜瓤或厚纸皮做成的环形帽

图 4-16　罗源式凤冠

图 4-17　福安式凤冠

圈，外蒙黑布，后边有黑带相连。发饰是由多个椭圆和细长柄的银簪依次紧叠成扇形的（图 4-18）。一副扇形铜饰需 80 余根铜簪，多时可达 120 根。每根柄长 17 厘米左右，末端用红头绳相连。已婚妇女还在铜饰上披上头巾，用银耳扒固定，饰各种琉璃串珠和红璎珞。

图 4-18　顺昌式凤冠

第三节　其他畲族服饰配件

　　上衣下装加上拦腰构成了畲族服装最为主体的部分，各具特色的凤冠头饰则使各地不同式样的畲族服饰形象完整化、特色化。除了衣装和头饰，畲族服饰中还有一些富有民族特色的服饰品,它们不是构成畲族服饰形象的主体,但是从不同方面丰富了服饰的细节和整体感,是服饰研究中不可或缺的部分。

一、畲族服饰中的帽

畲族传统服饰搭配中不习惯戴帽子,帽子在畲族服饰中出现的品种较少,除了新郎的婚礼帽和童帽外,最普及的当属生活实用品斗笠。不论男女,斗笠是畲族人劳动生活中最常用的帽子。畲族人所处山区遍布竹林,为各式竹编提供了丰富的材料,畲族人就地取材,编制斗笠供劳作时使用,并经过选料、破竹、拉丝、编织等工艺,在斗笠上编出精致的花纹,如四路、云头、狗牙等,这些精致的花纹相间分布,再配以精湛的工艺和各式的饰品,使得整个斗笠更加精巧美丽。于是,其成为畲族女性出席各种场合的常用配饰,也是畲族人必不可少的生活用品。一个小小的竹笠需要用二百多条竹篾,然后需要以精湛的竹编工艺编织而成。除斗笠外,传统的凤冠因其穿戴烦琐,也慢慢简化成帽子形状以便人穿戴。

二、畲族服饰中的鞋

畲族男女在历史上都是"跣足而行"的,20世纪20年代,浙江丽水、温州地区的畲族女子"大足,穿青鞋鞋端绣以红花,工作则穿草履,居家则穿木屐""素无缠足之习,家居悉穿草履或木屐(与日本同式),必往其戚属庆吊时始用布鞋,鞋端必绣红花并垂短穗""富者着绣履,蓝布袜;贫者或草履,或竟跣足"。畲族妇女素不裹脚,后随着迁徙和发展,劳作时穿草鞋,在家里穿木屐,雨雪天外出则以毛棕裹脚,做客或节庆时则穿布鞋或花鞋。畲族花鞋是布鞋,旧时妇女结婚或做贵客时才穿,死后也要穿着花鞋入棺。花鞋一般为蓝布面白布里,或者青布面蓝布里,鞋面不高,平筒,上绣有红黄色为主的彩色花纹,现代花鞋上也有机绣龙凤图案的。景宁地区的花鞋前头扎红穗子,宁德地区的花鞋鞋尖处结一颗红色绒球。畲族人居家所穿木屐有点像日式木屐,以两块长方形木板为鞋底,底上两

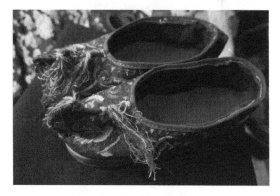

图 4-19 畲族女鞋

端钉上两块木头,前后不分,宛如桥形,畲族人每人都有一双,是晚上临睡前穿的鞋子。福建畲族传统鞋子,为圆口、黑布、千层底或木底、有外突红色中脊的"有鼻鞋",女子专用中脊一道、方头"单鼻鞋",鞋口边缘绣花或以色线镶边;男子专用中脊两道、圆头"双鼻鞋"。近现代后花鞋、木屐就少有人穿,20世纪50至60年代多穿胶鞋、解放鞋;70年代后多穿皮鞋。图4-19为罗源式绣花鞋。

三、畲族服饰中的肚兜

肚兜是旧时畲族女性贴身穿着的内衣,一般为红色或蓝色,俗称"肚仔"。肚兜的基

本外形为菱形，上端开小领窝，下端修圆角，顶端领窝两端、左右两角钉红色带祥四个，用于系带以固定于颈部和后背。肚兜的形制基本相同，四周镶边，底端有绣花装饰，绣花有多寡之分，讲究的肚兜在顶端领窝的边缘也有绣花。畲族肚兜的基本款式中，四周边缘为镶拼部分，简单的亦可不做镶拼，以单色布完成。拼接线处为贴边的缝纫线迹，下端圆角处为绣花装饰区域，有平针绣、贴补绣等多种绣制手法，纹样以如意云头、花卉、凤鸟纹为主，有的还会绣上八卦形象以求福避灾。

四、畲族服饰中的儿童用品

1. 畲族童帽　畲族童帽的形式多样，制式多来源于汉族成人帽或童帽。不论浙闽，畲族儿童的帽子样式繁多，制作精美，上面大多饰以彩绣，童帽主要的种类有虎头帽、兜帽、风帽、圈帽（无顶帽）等，材质多为棉布或细麻布，有单层的、夹层的和夹棉的。童帽佩戴场合不受限制，畲族人将孩子的美好期望、祈福甚至精神信仰都通过童帽表现出来，童帽上常有用布条镶拼的"福"字、"卍"字、银牌制成的"福、禄、祯、祥""福如东海"等字样及刺绣中常见的莲藕、牡丹、蝶恋花、雉鸡等吉祥寓意的图案。畲族童帽受道教影响颇深，道教八仙、太极鱼、八卦形象经常作为题材出现在装饰上，尤其是八卦，有的通过布条镶拼出来饰于帽顶、有的直接通过刺绣表现。虎头形象历来是儿童服饰品中最受人们喜爱的元素之一，因虎谐音"福"，又是万兽之王，汉族民间儿童制品中老虎还寓意辟邪除恶。畲族童帽也喜用虎头，一方面可能是受汉族虎文化影响，另一方面畲族人因长期的山地耕猎生活，也可能产生对老虎这种威猛动物的崇敬和喜爱。畲族虎头帽多综合利用彩绣、补绣、镶拼等多种装饰手法。福安地区的精致虎头帽，黑色棉布为帽身，大红色里子，虎眼、虎鼻、虎口使用填棉贴补绣技法，两耳上彩绣花卉，下缀流苏，虎牙用白色棉布叠成整齐的方块嵌入红色虎口，中间用红色棉布叠成三角以示虎舌，两边嘴角还各饰有一撮白色皮毛，帽身后片中心缀了一个彩绣八卦荷包，下缀珠子和流苏，两边对称彩绣象征富贵的牡丹纹样，帽底后中心还缀挂了一个雕刻着貔貅头的银铃铛。整个帽子手工精制、虎头表现得栩栩如生，立体的虎牙和虎舌构思巧妙。除了虎头帽，畲族童帽中还有一些来源于舞台戏服中的冠帽和道士帽的样式，黑底，有帽梁，两端垂彩色（粉红、橘黄、水蓝色）穗子，帽型形似儒生方巾及道巾中庄子巾和纯阳巾的变体。帽身彩绣藕荷彩蝶图案，绣工精致，用色鲜明艳丽，与服装上的所绣图案奔放热情的大红色调不同，采用了粉红和水蓝色配色，显得更为秀美娇嫩。

2. 畲族围嘴　畲族围嘴也是儿童服饰用品中常见的一种，畲族儿童围嘴多以蓝黑色或月白色棉布为底，做成花瓣形，花瓣形式主要为左右两瓣式或一圈六瓣式，花瓣上绣有精致图案纹样，中心领圈为圆形，用以固定在脖颈处，后中心多有一粒至两粒扣祥用于固定，或用暗扣进行固定。由于虎能辟邪镇恶，故亦有以虎形做围嘴以求福佑的。

五、畲族服饰配件中的传统饰品

畲族妇女的传统饰品多为银制品，头饰随发型而不同，多用银笄，主要有头笄、头簪、头钗、头花、头夹等，其中头笄长约 10 厘米，形如二片垂叶连成的弯弓，上錾图腾花纹；头花上镂人物、动物图案，制作精细；此外还喜用耳环、耳坠、耳牌、戒指、手

镯、脚镯、胸牌、项圈、肚兜链等。畲族妇女的银质耳环较有特色，是一个上小下大的 S
形。一般妇女常戴银手镯、银戒指，其上錾有梅花、八卦、福、禄、寿、喜等图案或字
样，其中戒指较有特色，并未完全合围，两端带有铃铛。福安霞浦一带富裕人家的妇女胸
前佩戴银牌、项链。妇女人人戴耳环，式样有大圆环、小圆环、珠坠环、璎珞环等。旧时
畲族妇女喜欢戴银质饰品，订婚时男方要送银饰给女方，女子外出时要戴男方所赠饰品；
随着时代发展，畲族人的生活模式逐渐现代化，流行的首饰式样和质地也逐渐变化，20
世纪 80 年代以后，金饰逐年增多，现代风格的饰品随着现代服饰一道逐渐被越来越多的
畲族妇女接纳和使用。

六、畲族的绑腿

畲族男女还有以绑腿保护小腿的传统习惯，"足膝之下，无论男女，皆裹蓝布""自膝
以下蓝布匝绕，则男女皆然也"。罗源的绑腿以黑色梯形棉布制成，顶端尖角处和底端两
侧装有带祥，以布带系扎固定包覆在小腿上，女子盛装时则以彩带固定。罗源新娘着装中
裙下亦着绑腿，且绑腿有的边缘镶嵌有多层花边，以和服装、拦腰呼应，系扎绑腿的绳带
有时采用彩带，两个绑腿外形相似，穿戴方式也相似。

第四节　畲族凤凰装的文化特性与自觉改革

一、畲族凤凰装形制的特性

(一)畲族服饰形制的相似性

浙闽地区畲族服饰性质上存在诸多相似的地方。男子服饰在历史上均为"椎髻跣足，
不巾不帽"，受汉族男子服饰影响较大，都为圆领右衽大襟，劳作时为短衫长裤，礼服或
正装为长衫。对于畲族日常女子服饰而言，虽然浙闽两地存在很明显的外观差异，但两地
服饰仍然保持着以凤凰装为代表的祖先崇拜痕迹，服饰形制虽然在具体的细节上各具特
色，但均以蓝黑色麻布或棉布为服装主料，衣衫均为右衽大襟，上衣领口、大襟等边缘处
多花边装饰，同时在上衣外面均系有拦腰。浙闽畲族服饰的共同之处在于：

1. 共同起源　共同的盘瓠祖先信仰下产生的服装在形制上有统一性，无论细节如何
变化，畲族上衣尤其是领边和大襟边缘均有边饰、上衣外搭配拦腰的穿着方式以及腰部系
扎彩带且带尾下垂的特征，符合史书上对于盘瓠后代"制裁皆有尾形"的描述。此外，各
地女子皆有的佩戴凤冠的习俗也是对始祖婆凤凰嫁衣传说的继承。

2. 料色一致　历史上和经济上的一些原因形成了各地畲族服饰用料的一致性及色彩
搭配上的相似性，服装主体部分衣尚青蓝，装饰多以大红、玫红色调为主，和蓝黑色服饰
本料形成反差和对比。

3. 工艺相似　各地畲族服饰装饰工艺具有一定的相似性，虽然刺绣和镶缏工艺同属
汉文化中服装装饰的重要手段，其在畲族服饰中的盛行不排除畲汉文化交融的影响因素，
但刺绣图案的一些题材带有明显的山地生活痕迹，多层多色重复镶缏的形式也独具特色。
彩带编织工艺是各地畲族共有的传统工艺，浙闽各地在彩带的字符织纹上具有高度的统一
性，一方面可能与彩带工艺的局限性有关，另一方面也由于彩带体积小、实用性极强，在

一代代畲族人口手相传的同时承载着民族的记忆。

（二）畲族服饰形制的差异性

虽然源出同族，但由于长期的迁徙以及和周边民族杂居的影响，浙闽两地畲族服饰存在显著的差异性。男装受汉族影响服饰形制皆与汉同，这种差异主要体现在女子服饰上，具体表现为领部至大襟的装饰造型和头饰外观的变化：

1. 上衣开襟和领口的具体形制不同　罗源式衣领为无纽交领，其余各式均为立领有纽，领圈开口窄小，实际穿着时领口多敞开不扣，领座高度不一，福安式领座最矮小，霞浦式居中，福鼎式的大小约为福安式的两倍，且在领口饰有两颗红绿毛线制成的"杨梅球"。景宁和福安的服斗大襟为上抬式，即自领口平行向右延伸12～15厘米，再下行至侧缝，转折处两粒扣固定，但福安式大襟几乎成直角，景宁式则较为圆顺，弧线向下至侧缝；霞浦和福鼎为下凹式，即从领口直接下凹弧线至侧缝，故较前两者在门襟处少两粒纽扣。

2. 花边装饰的面积和多寡不同　镶绲工艺的运用程度由浅至深依次为：罗源最盛，福安、景宁次之，霞浦更次之，用在胸口大襟边及服斗多层绣花带的间隔处；以刺绣见长的福鼎最末，仅在领圈和部分大襟边口处有极细的绳边，装饰效果甚微。服饰刺绣应用多寡上，以福鼎刺绣面积最大，图案最丰富，霞浦次之，罗源的刺绣面积虽小，但结合云纹补花和花边，显得最为华丽，福安较少，景宁最少。花边镶嵌为罗源式畲族服饰最有特征和代表性的装饰手法，因其使用简单，为广大畲族人民所喜爱，在现代畲族服饰中大量使用，如景宁式的现代畲装在领口、袖口大量镶嵌机织花边，但由于使用手法简单、缺乏特色，装饰效果和辨识度远不如罗源式。

3. 凤冠的样式及佩戴习惯不同　福安、霞浦的凤冠式样相似，面前均有银片"圣疏"遮面，罗源凤冠制式和景宁凤冠最为接近，福鼎式凤冠简化程度最高。两省凤冠佩戴习俗差异显著：景宁凤冠自结婚之日始戴，为日常头饰；福建畲族女子平日梳凤凰髻，凤冠为结婚时新娘的装束。两地的凤冠均可作为去世后入殓的冠戴。

4. 拦腰的装饰细节不同　景宁式最简单，黑色麻质素面配大红腰头；福安式较简洁，裙面上方绣对称的花篮或盆花；霞浦式较福安式略复杂，花盆或花篮位置和福安相同，但绣花更饱满繁复，两边各3个褶，一些精致的拦腰还在左右侧边和上缘增加绣花装饰；福鼎式在图案装饰上较简洁，但裙面分大小双层；罗源式拦腰装饰最为繁复华丽，有大朵的云纹角隅图案和花鸟刺绣。

（三）畲族服饰形制的脉络相承性

1. 服装的演进过程　民族服饰是一个民族社会、经济、文化、习俗等在穿着上的体现，其传承了历史，也记载着历史。随着时代的变迁，民族服饰也会相应发生改变，除了时代因素，这些改变和民族迁徙密不可分。伴随着民族迁徙，畲族传统服饰的样式也在不断变化，因此对民族迁徙脉络的梳理意义重大，有助于研究我国浙、闽地区畲族传统服饰文化。根据文献及现代畲族服饰，浙、闽两地服饰的差异性显而易见，其在传承畲族传统服饰文化的基础上，又与当地的地域特色相结合，因此各具特色，而极强的地域特色与畲族耕猎徙居的生活方式关联颇深。

福安、霞浦、福鼎、景宁四地处于闽东浙南交界的山区一带，正是形成服饰分流的主要地区。畲族人由福安一带分两路入浙后，一支一路向北迁徙，另一支迁往苍南的畲族人经过发展后一部分回迁入闽东福鼎、霞浦一带，一部分继续留在浙南并逐渐发展至平阳、温州一带。结合民族迁移脉络和畲族服饰的几种典型式样来看，罗源、福安、霞浦、福鼎和景宁几处恰好处于民族迁徙路径中由闽入浙的几个重要节点上，其服饰也正是畲族服饰中最具典型性和代表性的几种样式。由此可以大胆推测：迁徙脉络和服饰样式两者之间存在一定的关联性。

可以发现，自连江、罗源始，到福安，再向西入霞浦，进而北上自福鼎进入苍南、平阳，是一条畲族人历史上由闽入浙的迁徙路线；而从罗源到福安，一路向北，再到景宁、云和、丽水是畲族人迁徙历史上第二条由闽入浙的迁徙路线。在这两条路线上，贯穿着几种颇具代表性的畲族服饰式样：罗源式、福安式、霞浦式、福鼎式和景宁式。这使得畲族服饰由罗源式为起点至景宁式为终点，途经福安、霞浦、福鼎和泰顺，存在一脉相承的连贯性。

反观各地服饰式样，福安至景宁北迁一线都保持上拱式大襟，服饰边缘以绳边装饰，绣花较少，拦腰式样也较为朴素；福安至霞浦、福鼎西迁再北上的一线，在福安式上衣的基础上增加服斗处的绣花，发饰也从福安的盘匣式，到霞浦的上下双髻，再到福鼎的脑后大盘髻，逐渐简化。同时，苍南地区部分畲族的回迁又导致了这一带服饰之间的相互交融和相互影响。

伴随着不同方向的迁徙，畲族人的服装装饰风格分为花边装饰和绣花装饰两种。以服装中最能表现样式特征的门襟为例进行比对分析，将罗源、福安、霞浦、福鼎、景宁五种样式的门襟平面图按照历史迁徙路线排列，可以看出作为起点的罗源式门襟兼有花边和绣花两种装饰，但花边装饰的面积和重要程度强于绣花装饰。在服饰变迁的过程中以福安为节点形成景宁路和福鼎路两种线路，景宁路保持了罗源式的门襟镶边装饰，简化门襟的绣花装饰，最终形成今日景宁地区花边衫（兰观衫）的特征；而福鼎路则简化了花边装饰，由霞浦至福鼎逐渐形成繁复精致的门襟绣花装饰。福安式处于两种变化的分支节点，既保持了花边装饰，又延续了绣花装饰工艺，但两者都较为简单，形成了朴素大方的服饰风格。

2. 头饰的演进脉络　浙闽畲族头饰存在着较大的差异，畲族女子发饰多为"竹冠裹布，珠饰累累"，而现代仅浙江畲族仍保留珠饰凤冠，福建各地仅在新娘装束时采用"竹冠为骨，裹有红布，带有珠饰"的凤冠，平日则以红绳缠绕发髻为饰。

随着畲民的逐渐迁徙，畲族的分布由罗源至福安，再由福安分两路至浙江境内。沿着这个迁徙路径，可以发现畲族妇女的冠戴逐渐发生了变化：福建境内的畲族凤冠由平时佩戴改为新婚佩戴，平日则以红绳缠发梳成发髻；而景宁畲族凤冠则自结婚之日开始佩戴，平时及节庆时均佩戴。

将各地凤冠进行比较可以发现，罗源的凤冠（新娘冠戴）与景宁、丽水的式样最为接近，景宁式珠饰尾端璎珞改为银挂件，丽水的则保持了右侧发髻斜插的璎珞。温州平阳、苍南地区的畲女头饰为珠冠，存在相似性很可能是由于这一区域地理位置上与福鼎相距甚近，且历史上存在迁入与回迁，造成习俗上的相互影响。浙江畲族对凤冠习俗保持得较好的原因可能是由于他们自福建辗转迁徙而至浙南，反而在心理上造成一种固守传统的心态，故在罗源式凤冠的基础上，将竹冠缩小简化至头顶，珠饰也绾在耳侧，对日常生活的影响降至最低。浙北畲族由于是从景宁分迁而至，故保留了景宁的服饰习俗。

综上所述，浙闽地区的畲族女子服饰虽然各具特色，但存在明显的一脉相承性，这种一脉相承性表现在服装式样的渐进式演化以及头饰的形制和佩戴习俗上，借助畲族在闽东浙南山区的迁徙路线可以更加清晰地呈现出这种脉络关系。

二、畲族凤凰装的文化特性

畲族服饰作为一种文化符号，其变化是构成要素与承载观念相互作用的结果。早期产生作用的主要是构成要素的变化，如以麻、棉织品取代树叶、树皮，兽针、兽骨取代树针、树枝，银铜铁饰物取代骨物，人工颜料取代天然颜料。当观念发生变化之后，服饰就承载了人们的文化观，民族文化中就有了服饰的一席之地。以下都是畲族服饰所具有的文化内涵：

1. 角色意识的表现　在中国的封建社会，儒家思想是主流思想，占政治文化的统治地位，它制约着其他文化的发展。儒家思想强调的是礼仪伦常，其本质是"别"，别君臣父子男女，别亲疏贵贱。人们的年龄、性别、等级和身份都可以通过服饰来区分。自周代以来，很多朝代强调以礼治国，因此中国从周代开始，服饰日趋复杂。在不同的阶段会有不同的社会规范，也就有了不同的服饰。人在不同的场合，也会是不同的角色。因此，畲族人的服饰就有了劳动装、礼服、吉服、寿服、丧服之别。封建社会，百姓穿的是布衣，底色为黑。故畲族人服饰的底色只能是黑。黑色一直为畲族人所接受，是由多种因素决定的：黑色可以用天然染料染成，畲族人易种易得，便于大量使用。黑的颜色耐脏、易洗，对于男女都上山劳动的畲族人来说，是种适合常用的颜色。但后来黑色被彻底认同，还是由于观念、文化起了作用。黑色不仅是百姓的颜色，而且"夏尚黑"，是远古颜色，有"至阴不动""太质无华"的文化含义，这刚好体现了畲族人刚强、朴实的民族文化心理。因此，畲人衣着底色尚黑，世代传承，以表示民族的共同性。也正是这种服饰上的特殊颜色，使得畲族同其他民族共同体区分开来。它作为异常分散的畲族人的特殊记认标志，维持了民族的共同文化、共同心理，是民族内部团结的重要因素之一。

2. 畲族自我意识的体现　每个民族在发展时都会形成自我意识，这是民族文化在心理上的表现。也就是说，相同的民族会有相同的心理，进而产生归属感。"体个人（自己人）"是畲族人对自我意识的称谓。服饰诞生于民族的发展过程中，属于一种视觉符号，表现着民族在心理上的共同状态。同样的民族自豪感和认同感，是身着同种服饰的人共有的感觉。

3. 反映畲族人的求吉意识　人们在心理上都趋向于求福趋吉，尤其是在科学技术和生产力都较为落后的社会环境中。凤凰鸟自古就是祥瑞的代表，有"见则天下大安宁"的意思，也被称为瑞应鸟、百鸟之王、太阳之精、神鸟。

畲族妇女把"百鸟朝凤凰""凤凰朝牡丹"的各种花鸟图案较集中地刺绣在衣领、襟沿、袖口和"合手巾"（围裙）上。身上穿的是凤凰装；头上梳的是凤凰髻；腰间扎的是好似凤凰翎尾的飘带；斗笠上系的是犹如凤凰五彩缤纷翎羽的各色珠穗……她们把自己打扮得宛如一只只美丽的金凤凰。畲族对凤凰鸟的尊崇，除表现出浓厚的尊祖意识，和自认为"凤凰人"外，还表达着他们对黑暗势力的仇视、抗争，自强不息的无畏精神和热爱生活、祈求安宁、向往光明、"丹凤朝阳"的民族共同心态。

三、畲族服饰的自觉改革

"新生活运动"盛行于 20 世纪 30 年代后期，此时妇女戴笄被严厉禁止。于是畲族妇女只好在进城时不戴笄，但在出城之后就会戴上。而妇女醒目的服饰则慢慢消失。

20 世纪 60 年代起，完整的传统装束已是少见。中老年妇女一般把头发梳成螺式或筒式盘在头上，发间环束红色绒线，中间插有银簪，称"头毛把"。衣领与裤子不镶花边，但衣襟上有花边。

到 20 世纪 80 年代，只有在三月三对歌日、民族运动会、部分民族会议及拍电视、电影时，妇女才着传统服饰。平时除闽东少数老年妇女还穿传统服饰外，绝大多数人服饰与汉族妇女基本相同。

针对传统服饰使用减少的情况，畲族人也进行了改革探索，浙江省民族事务委员会、民间文艺研究会召开专题讨论会两次，研讨服装改革问题，在景宁畲族自治县还举办过民族服装大奖赛。福建《霞浦县畲族志》记载了这些富有成果的改革。畲族传统服装中，也出现了民族风格与时代气息相结合的创新品种。

历史在前进，时代在变化。的确，传统的服饰，颜色单调，花纹太多，式样陈旧，工艺复杂，不适合时代的要求，难怪畲族人不愿穿。所以畲族服饰的改革探索，还要继续进行下去。要在"三性"上下功夫，即服饰要具有时代性、大众性、民族性。要充分吸收现代服饰的特点，跟上时代的步伐，从而具有时代性。在质地、颜色、式样上要不断地进行创新，趋向日常化，在日常生活中也可以穿，才会人人爱穿。原来的畲族民族服饰显著的标志是衣服的花纹，畲语称之为"水涧流"，如今可以在大众化的服饰上，做一个简单的标志，如在上衣口袋上绣上凤凰图案，它既是服装的牌子，同时又是畲族服饰的标记。

尽管目前畲族人同汉族人的外部特征趋于相似，但是这并不意味着畲族文化的没落。因为，任何民族文化，都有两重性，都有优也有劣。精神文化是由物质文化所决定的，随着物质文化的发展，精神文化也必然或快或慢地发生变化，扬弃旧时代的传统，保留与物质文化相适应的内容。先进取代落后，落后向先进看齐，这是社会发展的客观规律。随着时代的发展，传统文化会得到扬弃，这是民族文化的进步。因为表层传统文化，不等于一个民族的文化，更不等于这个民族，这是不能画等号的；一个民族、一种民族文化产生之后，就会有强大的生命力。在一定程度上，扬弃还是民族共同心理、民族自我意识强化的条件。因为，随着表层文化的弱化，原有的文化认同方式受到冲击，为维护民族生存发展，原来附于表层的文化特征的文化认同功能会转移到共同心理，即内在文化这个"本"上来。文化认同的危机，会引起民族共同体成员们的反思，唤起他们的民族意识，使民族感情、民族意识比以前更加强烈。

第五章 畲族服饰中银饰的制作工艺及其传承发展

第一节 畲族银饰的分类与纹样

一、畲族银饰分类

人类服饰文化从最早的注重实用到现在的强调装饰，已经经历了漫长的过程，总的来说可以归结为从简单到复杂。若以闽东民族银饰作为例子，畲族人的文化变迁这一信息体现在了闽东民族服饰中银饰的发展壮大上，它表示畲族的服饰文化已经渐渐开始从实用走向审美，这是文化观念的转变。

明以后的几百年里，畲族银饰出现并发展壮大，如今已经有了多个种类，斑斓炫目，大体可以分为八种类型：头饰、耳饰、发饰、手饰、胸颈饰、带饰、生活器具和服饰。

（一）畲族头饰中的银饰

畲族的图腾信仰主要是凤凰，这种畲族传说带来的信仰，已经深深植入畲族人的心中。人们对凤凰的崇拜意识在服饰上影射了出来，畲族凤冠便是例子。

凤冠冠身的主要骨架材料通常是竹筒或笋壳，用红布裹在外面并用银片装饰，俗称"髻栏"；用红绳串珠或布置银链放于冠前遮脸，则俗称"圣疏"。

由于闽东畲族有不同的分布地区，所以凤冠并不完全相同，根据地域可以大致区分为福鼎式、飞鸾式、霞浦式和福安式。

1. 福安式 福安式凤冠形似梯形，前高后低，冠身使用毛竹、笋壳作为骨架，外圈使用红底花布或红布包裹形成长方体。冠前（即凤冠正面）正中饰有半径约 2 厘米的圆形银质竹笋筛，内有微型照妖镜、剪刀、书、算盘、尺等，称"挡煞"，镜下饰一宽 3～4 厘米的银牌，饰有吉祥龙凤或各式仙人，银牌下系有银质圣疏。圣疏系有 7～9 根银链，长约 16 厘米，银链上佩以大小不一的鱼、鸟、花、石榴、蝶、元宝铜钱之类图案的银牌和铃铛，整体若帘，用以遮住新娘面部。冠侧两边整齐镶缀若干等大四方形银牌，银牌上刻有弥勒佛等佛像，凤凰、花鸟、蝴蝶等吉祥图案，冠底沿边镶红绳流苏或锯齿纹花边。冠侧四角坠以长约 40 厘米红绳串制的彩色珠链，末端系有长约 5.5 厘米、宽约 3 厘米的"山"字形银牌，上面刻有花、鸟、鱼或小篆"寿"字纹样。

2. 霞浦式 霞浦式凤冠与蕉城八都镇一带的凤冠相仿。凤冠尖顶圆口，戴于发髻上，以红绸带或料珠串扣于下颊。冠身采用笋壳圈制为骨架，外蒙黑布或深色花布，帽正中饰一精致银质竹箩筛，内配有微型照妖镜、剪、书、尺等物件。冠顶以竹篾编织成金字塔形骨架，沿边蒙红布，红布上缝缀刻着吉祥纹样的方形银牌，额前缀有二龙戏珠及乳钉纹的银质圣疏，帽尖后侧及耳鬓两侧各坠八卦纹或花蝶纹饰银牌，上缀挂五串各式小银片，两端饰长约 40 厘米红绳串制的彩色珠链，垂至胸前；末端佩饰红璎珞并系有末端系有长约 5.5 厘米、宽约 3 厘米的"山"字形银牌，刻有花、鸟、鱼或小篆"寿"字纹样。

3. 福鼎式 福鼎式凤冠由冠身和冠尾两部分组成，冠身用竹笋壳编成，外蒙黑布再裹以红布，冠尾下悬一条一尺长、一寸一宽的红绞。冠身形同圆锥，似半截牛角，沿冠边镶两块长方形银片，饰有乳钉纹及花鸟纹样，尾端还系有一块长约 11 厘米的木簪。福鼎式凤冠区别于其他凤冠的最大特点在于，并不采用一整片的银链作为圣疏，而是由三副宽约 10 厘米的头花插在前顶，围成环状。每副头花三朵一组，分上中下三层，上层一般为八仙或吉祥神兽图案，中层有十只麒麟瑞兽，最下层则是十二只昂首欲鸣、口衔十二串银链串珠的凤凰，链长约 5~7 厘米，从额前垂挂遮拦至眼眉前。冠边坠长约 30 厘米的各色珠料串制的长链，有的在耳前摇晃，有的垂挂于脑后，不停摆动，玲珑可爱。

4. 飞莺式 蕉城的飞莺式凤冠与福州市连江、罗源式凤冠相仿。飞莺式凤冠冠身以圆柱形竹筒制成，长约 15 厘米，直径约 5 厘米，冠身裹以红布，外裹银匾。银匾是轻薄如纸的长方形银片，宽约 15 厘米，长约 16 厘米，下端有一长为 8 厘米、宽为 5 厘米的弧形开口，上面刻有各种花纹和神像，正面为变形的龙头纹。冠身覆一红色经布罩饰，尾部饰以竹木制四齿发簪，外蒙红绸或红色细亚麻布。冠首两旁各饰两条蓝色玻璃串珠与尾部相连，还缀以各种银簪、银链等饰物，垂挂于两肩。冠身戴在发髻顶部，尾饰插于发髻后，用与银匾配套的银簪固定。

虽然在不同的地区，畲族的凤冠有许多差异，但多样化的背后依然有畲族民俗统一性的体现，那就是对于凤凰图腾的崇拜。

（二）畲族发饰中的银饰

簪、钗、步摇等都是畲族人常用的银制发饰。古代妇女发饰的主要特点是椎髻垂缨。她们会将头发挽成髻，为了防止松散还要以簪、钗固定。簪、钗、步摇、扁方是我国古代发饰的主要种类，可以起到美化和固定的作用。簪可分为两部分，即簪首及挺，挺是插入发内的细长的部分。单挺在民间被称为簪，而钗则是双挺以上。

1. 簪 簪是古代发饰。簪起源于新石器时代，至商周时期，簪的材料以骨为主，汉代开始出现象牙簪、玉簪，还在簪头上镶嵌绿松石。唐宋元时期的簪则大量用金、银、玉等贵重材料制作。银簪的制作工艺有錾、镂花及盘花等，盘花是用细银丝编结而成。簪头的雕刻有植物形、动物形、几何形、器物形等，造型多样，其图案多具有吉祥寓意。另外簪头造型做扁平一字型的称为簪方，原为满族妇女用的大簪，也是簪的一种。

畲族银簪中最具有特色的花簪代表应属如意式扁方。畲族如意式扁方，俗称"银板插"，约 12~19 厘米长，2~4 厘米宽。两头略宽，中间略窄，S 形曲柄，形如目鱼骨，勺中突起，沿边錾刻花鸟纹，或有柄端为灵芝或云头造型。此扁方有大、小两种尺寸。大者为妇女所用，长约 19 厘米，最宽处大约 4 厘米，最窄为 2.5 厘米，旧时使用"七钱三"的银圆锻制而成，约折合为现在的 25 克。小者为少女所用，长约 12 厘米，最宽处 2.2 厘米，最窄处仅只有 1 厘米。

2. 钗　钗是古代发饰的一种，为古代妇女用于结束头发的一种首饰。多由两股合成，形如叉，故名。银钗的基本结构是将银丝两端锤尖，对折弯成两股。弯折处锤打成几何形，或缠成花纹，或焊接其他形状的花卉、动物、人物造型，或镶嵌珊瑚、玛瑙等，多采用模压、雕刻、剪凿等工艺制作，造型多样，图案精美。有飞凤纹钗、菊花纹钗、蝴蝶钗、花鸟钗等。

3. 步摇　步摇是古代发饰中的一种。又称"珠松"，是附着在簪、钗上的一种银饰。始于春秋战国，汉、唐时期在贵族妇女中颇为流行。步摇的造型多样，多有珠花下垂，行则动摇，故名。

（三）畲族胸饰中的银饰

各族人民都十分重视胸颈部位的装饰，因此各民族的银饰文化特色常在胸颈饰上体现出来，畲族人也是如此。项圈、长命锁、花篮牌等都属于畲族的银质颈饰。

1. 项圈　项圈以铜、金、银、竹、绳等制成，可分为圈形和链形两种。圈形以银条直接焊制，亦有双股粗银丝相互缠绕结成麻绳状，总体成圆环状，定型之后不可活动；而链形则以链环相连，更接近现代的项链，具有灵活性，可活动变化；亦有少数项圈将圈制和链制结合。传统上，少年男女戴项圈较为普遍，而今一些少数民族，例如畲族，妇女也依然保留着戴项圈的风俗。

2. 长命锁　长命锁又称"长命镂苎""百家锁"，始于汉代。是由人们为了避免不详，于端午节在手臂上系以五彩丝线的传统演变而来。至明以后，逐渐演变成儿童青少年专用的一种颈饰。传统的长命锁多为银制，上部为项圈，下部挂坠饰物。坠饰的形式、种类丰富，造型不一，有传统的锁形样式、如意样式、蝴蝶形样式、狮子形样式以及畲族特有的"花篮牌"样式等，形状也各不相同，主要有锁形、鼎形、圆形、六角形、长方形、花篮形、元宝形、莲花形等，统称为锁。寓意是希望佩戴的孩子能够消灾辟邪，具有"锁住生命"、避免夭折的含义。其造型以锁为主，通常两面鼓起，一面是文字、一面是图案或两面皆为文字、图案装饰在旁。文字多为吉祥语，如"长寿""长命百岁""吉祥如意""永葆千秋""百家赠寿""福寿绵长""花开富贵""百家宝锁"等，还有对孩子学业上的期待，如"三元及第""五子登科"等。图案则多为戏曲故事或传奇人物，还有一些吉祥花草、吉祥动物等，纹样丰富，制作工艺复杂。锁下还配有三串各种大小不同的铃铛，有花形、桃形、狮子形、锦囊形、银斗形等。长命锁一般是少男少女佩戴的颈饰，成年以后就很少佩戴了。

3. 花篮牌　花篮牌是畲族常见的胸饰，图案以牡丹、花篮等组成，传说花篮为八仙之一蓝采和所持的宝物，花篮内有神花异果，能广通神明。畲族人认为，花篮牌的组合象征着花开富贵、吉祥如意，也寓示着安康富足的幸福生活，所以在畲族女性中较为流行，并逐渐成为畲族女性在民族传统盛大节日中必不可少的饰物之一。

（四）畲族耳饰中的银饰

耳环、耳坠等是银耳饰的主要内容。

环形的耳饰就是耳环，大约在晚唐出现，民间妇女在五代、宋初以后开始普遍佩戴耳环。而在环上加上吊坠珠宝玉石、挂钩等就使其成为耳坠，又称坠子。

畲族人的耳饰风格独特，在耳坠的基础上又加入了耳环的形状风格。畲族人的耳饰形状如同一个问号，有大小两种。大耳饰的大小约如同一个手镯，直径在 6 厘米左右，多由已婚妇女佩戴；小耳饰则由少女佩戴，大小约为大耳饰的一半或更小。

（五）畲族手饰中的银饰

1. 手镯　手镯也被称为手环手圈，是一种传统首饰，在民族银饰中是重要的组成部分。手镯最早于汉代出现，是帝王用于奖赏功臣的赏赐品，后来渐渐转化为饰物。手镯在唐朝以后流行于民间，直到今天，手镯也是女性社会地位和审美品位的象征，特别是制作材料贵重、工艺复杂的手镯更是被女性所追求。手镯具有多样的形式和造型，包括绞丝型、镂空型、錾花型、浮雕型、空心筒状型等。不同风格类型的手镯象征着不同民族和族群的审美差别。

九圈镯，因镯上扣有九圈而得名。九圈镯镯面錾刻细致，多以凤凰、吉祥花草为题材。手镯为推圈，可根据佩戴者手腕大小活动调节。通常打造一幅（两只）银镯要用 2 块"七钱三"银圆。

畲族扭索银手镯，直径约 6 厘米，采用一条或若干条银条扭成绳索状，中间略粗，两头不相连，可灵活调节镯子大小。

十锦平安铃手镯，又名"十锦镯"，是传统的福建吉祥银饰，与长命锁相同，是长辈送给刚满月婴孩的礼物。十锦镯上多刻有吉祥文字，如"长命百岁""吉祥如意""聪明伶俐""长命富贵""天真活泼""出入平安"，手镯多半为推圈的伸缩设计，可调节大小，左右镯上各环一银圈，银圈上附五个吉祥挂件，有钟、蛤、锤、锣、鼓、鱼篓、狮头、佛手、八卦和官印等，每一个挂件都代表着一种期望、一种祝福，都寄托着对孩子未来的美好憧憬。

龙纹银质镀金手镯，重约 100 克，直径约 6.7 厘米，镯厚约 0.8 厘米，内中空，有弹性，可调节。镯子造型为二龙戏珠，双龙相向，口衔金球，龙目如炬，运用极细的银丝贴塑、精巧的镂空及细致的錾刻，生动地刻画出龙须及龙纹，可谓惟妙惟肖、栩栩如生。

2. 戒指　戒指是一种环形状饰品，用来装饰手指，有着圆满的寓意。商周时期是戒指的起源时期，直到今天，戒指已经被人们普遍地用于装饰。福安畲语中戒指叫"手指"，畲族男女青年往往会互赠戒指来表达双方的情谊。畲族传统戒指的款式有很多种，主要有圆戒、拳头戒、八卦戒等，上面的传统花纹有花草纹、八卦纹等，此外，还有许多字样的图案文，如"福""禄""寿""喜"等，有一些戒指还会配上铃铛或吊坠，铃铛主要会做成鸟类、花卉、石榴等图案，不仅给人以视觉上的享受，还能增强音韵的美感。

（六）畲族带饰中的银饰

畲族的银腰带用的材料是银箔，此种材料轻薄如纸，往往分为上下两层，用银链连接起来，在腰间固定。银链上连接的部分多是带有字样的银牌，字样为"福禄"或梅花瓣，底层银链上挂着各种吉祥物，如狮子、海产等。畲族人认为银腰带代表凤凰的尾巴，佩戴银器时产生的碰撞响声则为凤凰的鸣叫，能够为他们带来幸福。

（七）畲族的服饰

银扣和银帽饰等是畲族服饰上的银饰。

银扣分为两种：普通银扣和带链银扣。对襟上衣是普通银扣的主要应用处，铃铛扣、梅花扣和双球扣等是比较常见的扣型，扣子上有吉祥花卉、八仙等图案。服饰的左大襟是带链银扣的主要应用处，这种扣分为左右两侧的半圆银片，约有 8 厘米的直径，多用于胸前的装饰。

银帽饰，民间被称作帽花，用于帽子装饰，多在孩子出生或满月、满周等日子使用以表达庆祝，八仙和"福禄寿喜"是常用的帽花主题，不同大小的帽花排列成组，镶嵌在帽边。另外，畲族新娘的凤冠上或做寿的老人的帽子上也会用帽花做装饰，不同的使用场合下也会有不同的帽花图案，如牡丹、蝴蝶及"福禄寿喜"等。

（八）畲族的生活器具

除了银首饰以外，银制生活器皿也是银饰品的一大类别。被畲族人使用的传统银器皿包括银质餐具、银制酒具等。

第二节　传统畲族银器的纹样

人类在上古时期往往会崇拜图腾，这是一种文化现象，形成以后会长期地在人类的深层意识中埋藏，释放出来的形式则是物品。有一种传说在许多文化中都长期流传，即他们第一个祖先是转化成男人和女人的动物或无生物，这种物体成为氏族的象征（图腾）。图腾的重要特效和功绩之一就是象征祖先。以此种方式来理解，能够在畲族银饰中的文化内涵中看到畲族的图腾崇拜。

一、畲族龙纹

龙是古代传说中的动物，在畲族传说中，他们的祖先最先是由龙麒演变而来，畲族人每年都会举办"封龙节""二月二龙抬头"等与龙相关的节日，所以在畲族文化中龙是神圣和尊贵的象征，是人们的保护神。在婚嫁中，常常使用龙纹以彰显华贵和敬重。畲族龙纹的种类丰富，有龙、龙麒、鱼龙、麒麟龙等，其中鱼龙最为常见。

例如鱼龙如意银锁，通常长约 13 厘米，通宽约 7 厘米，龙头鱼身鱼尾，背部朝上，有鱼鳍、龙翅，身形如弓，龙口怒张，锁下配 5 串银铃。畲族人对鱼龙形象极为喜爱，畲族历史传说中又有鱼龙亦是盘瓠之说，可以说鱼龙传说与盘瓠传说一起共同构成了畲族人独特的宗族图腾崇拜。

二、畲族凤凰纹与其他鸟雀纹

畲族人重要的信仰图腾是凤凰，在畲族银器中，凤凰首饰的地位十分重要，畲族姑娘的婚嫁用品更是要运用凤凰图腾。凤凰是畲族传说中最美的吉祥鸟，象征人间最美的女子，畲族人在凤凰身上寄托了美好的祝愿，希望凤凰可以使生活变得更加幸福。除了凤凰以外，畲族银饰还会运用孔雀、公鸡等其他鸟雀。

三、畲族天象纹

云纹、水波纹、雷纹和太阳纹属于天象纹。古时人们在山间和田间长期劳作，而上述自然元素则决定着作物的收成，因此，人们开始敬畏并崇敬这些元素，在生活器物和服饰文样中大量地运用天象纹。

四、畲族人物纹

从畲族银饰中可见，畲族人对"八仙"尤为喜爱，它常常成为帽花或者银扣上的题材。民间也常以"八仙"形象作为护身符，祈求得到庇护。由此还衍生出"暗八仙纹"。除"八仙过海"的题材以外，还有"龙麒送子""寿星""福星""双鱼招财船""五子连科""状元游街"以及勇士、书生、仕女等人物造型。

五、畲族蝴蝶纹

自古以来，蝴蝶就象征着美好吉祥，畲族婚嫁事务中常常会使用蝴蝶和鲜花的搭配，题材为"蝶恋花"，人们对爱情的美好期许都寄托在这一纹饰当中。而蝶纹又寓意着长寿，因为蝴蝶的"蝶"谐音如"耋"，年八十者曰"耋"。

六、畲族植物纹

植物纹在畲族纹饰中比较常见。银饰中往往会根据不同植物的不同意义来使用，应用十分广泛。牡丹、莲、梅、菊、兰花、芙蓉、茶花、石榴、桃以及水草等是畲族银饰中比较常见的植物纹，布局方法上多采用独枝、缠枝或折枝，或搭配上凤凰等鸟类，成为"凤穿牡丹""凤凰衔枝"等。此种搭配结合了动与静，在视觉上给人以独特的享受；也会搭配瓶、花篮等构成"富贵平安""花开富贵"等美好寓意。

七、畲族动物纹

畲族银饰中有许多种类的动物纹，不仅仅有十二生肖，还有蝙蝠、狮子、蜘蛛等动物。

八、畲族博古纹

博古纹即古代器物，是典型的装饰纹样之一，广泛地应用在畲族银饰中，下面是较为常见的银饰：

1. 银质"挡煞"　畲族凤冠中，常在冠帽正中饰"挡煞"，造型为一精致银质竹箩筛，内配有微型照妖镜、剪、书、尺等物件，传说能趋吉辟邪，是高辛帝皇后凤冠的遗制并代代相传，已成为部分地区凤冠中不可缺少的银饰装饰部件。

2. 十锦平安铃　畲族"十锦镯"的左右镯上各环一银圈，银圈上附五个吉祥挂件，共计十件，分别为钟、蛤、锤、锣、鼓、鱼篓、狮头、佛手、八卦和官印，每一个挂件都代表着一种期望、一种祝福，都寄托着对孩子未来的美好憧憬。

3. 暗八仙　畲族人重视八仙，并由八仙衍生出"暗八仙"。暗八仙是八仙手持的八件宝物的总称，即汉钟离的芭蕉团扇、吕洞宾的宝剑、张果老的渔鼓、韩湘子的玉笛、铁拐李的宝葫芦、何仙姑的莲花、蓝采和的花篮以及曹国舅的阴阳板，因纹饰中只出现神仙所执法器而不直接出现仙人，故称暗八仙。传说八仙的宝物各有神通，故畲族人将其装饰在衣帽首饰上，以求八仙护佑。

九、畲族吉祥文字纹

畲族银饰造型古朴，样式多有其一定的固定意味，除了上述的图案纹样外，畲族的传统审美观也深受汉文化的影响，对于传统的人们喜闻乐见的吉祥字样如"福""禄""寿""喜"等同样喜爱，并也将之錾刻在首饰上，简洁明了地表达畲族人对生活的美好寄托和期待。

综上所述，畲族先民对自然界和社会的理解及认识大多数以崇拜、信仰的形式展现，由此而产生的崇拜意识逐渐映射在服饰中，最终促成了畲族服饰独具特色的鲜明个性。而银饰在其间起到了不可替代的重要作用，是畲族人崇拜、信仰的直观审美表现。闽东畲族银饰作为外在装饰，起到了美化生活的作用；作为图腾崇拜物，它把同一祖先的子孙紧紧地凝聚在一起；作为愿望的表达，它承载着人们对未来的美好憧憬。

第三节　传统银饰制作工艺的解读

在我国的少数民族大家庭中，畲族是十分重要的一员，畲族的生活方式、文化图腾和文化追求在与自然的共生中逐步形成，银器影响着畲族的婚丧嫁娶、"三月三"等节庆活动；银器对于曾是母系社会的畲族来说象征着家庭和家族世代拥有的财富，能够体现畲族女性的地位、身份和美貌。因此，传统的银器制作受到了畲族历代人的绝对重视，其工艺在历史演进中，也在不断改进与发展。

一、传统银文化的影响及畲族用银的历史

自古以来银就被人们认为是贵金属，仅次于金，因此也就成为财富的象征，与美玉、黄金并称，受到世人的喜爱。金器的制作年代要远远早于银器，说明银的提炼比金要难得多。但是相较于黄金，银器具有更高的普及程度和使用频率。人们对银饰品的重视到了明清年间更甚，这一时期不管是大户人家还是普通百姓都在日常应用银饰，而人们对于白银的特殊情感也通过制银艺人们的精湛技艺融入了银制品之中。

畲族人自古就有着使用银器的习惯。畲族人创造了富有本民族特色的历史文化和人文风情，银饰便是畲族人审美的独特标识体现，贯穿畲族人一生的所有重大节日或者仪式。畲族人与银饰、银器密不可分，畲族银文化蕴含着对吉祥平安的美好祝福和对生活的乐观信念。正是这崇尚银器、世代传承的民族风情，赋予了福安畲族银器制作工艺独特而浓郁的民族文化特征。如畲族姑娘出嫁时佩戴的传统"银凤冠"头饰，便是这一工艺文化特征的极致体现。银凤冠寄寓了母亲对女儿今后生活的祝福，祈祷象征吉祥的凤凰能为女儿带来祥瑞与幸福。畲家女出嫁时必戴凤冠，以示吉祥如意，由此也形成了畲族"崇凤敬女"的特有习俗。银凤冠的制作，尽展畲族凤凰情结。传统银凤冠，以展翅凤凰为主体饰物，并配套有数十件小银饰，雕有双龙、蝴蝶、花木、鱼鸟等代表不同意义的图案，新娘微步、银饰相击、叮当作响，寓意"凤凰带仔又带孙"，家族人丁兴旺。展翅的凤凰口衔银环、下缀银鱼，则寓意子孙勤俭持家、年年有鱼、代代相传。不同的银器、不同的纹饰，寄托了畲族群众的别样情怀，也就赋予了畲族银器制作工艺丰富多彩的

民族文化内涵。

二、畲族银饰的制作工艺流程

畲族人喜欢银器，银制饰品融入了畲族人的生活当中，经久如新的银器代表着吉祥与平安。银器作为陪嫁品，是畲族姑娘出嫁时必不可少的陪嫁。畲族银器制作工艺在畲族人于唐朝年间入迁闽东福安之后，便开始了艺术的旅程。

据现有畲族文书记载，残唐五代时期，就有钟姓畲族人从汀州上杭迁入福安韩阳坂五十三都钟莆坑，其后裔又于北宋大观四年移迁今坂中畲族乡的大林村。明朝中叶以来，畲族人开始大批迁居福安，直至18世纪基本结束。随着大量畲族群众的定居，福安畲族银器步入了供求两旺的红火年代。其制作工艺也走出了当初仅在民族内承传的约束，流传民间。丰富的矿产资源，也为福安畲族人的银器制作提供了得天独厚的自然优势，从而得以工艺精研、传承不息。

不同的民族出于民俗信仰及审美观念的差异，制作出来的银饰千姿百态，总体而言，根据现有的对于传统银饰种类的统计，中国传统银饰品类有：簪、钗、胜、串饰、项链、耳环、长命锁、耳坠、纽扣、手镯、指环、帽饰、配饰及什器等，各种各样的银饰出于其功用的不同，其造型、花纹有所不同，但是其制作工艺基本上是相通的，在相同中又有根据工作经验总结出的个人技艺特色。畲族传统银饰制作工艺也不例外，一般分为几十道严格的工序，需要有经验的银匠方可完成，其常用的制银工具有：坩埚、铁钳、风箱炉、铁砧、铁锤、坯钳、凿、铁錾（一字錾、梅花錾、弯錾、退錾、斜刀錾、丝錾、钉錾、珍珠錾、磷錾、叶錾、束錾等各种特制錾头）、镊子、专用银桌、胶版、锉刀、铜钨、铁墩、吹筒、油盏、砂纸、尺、剪刀等。其具体制作工艺流程为：

1. 图样设计阶段 在正式开始制银前，工艺师们必须要做的第一个重要的准备步骤就是设计要打造的银饰的图样，将其按一定的比例绘制下来，以供方案讨论定稿与后期制作参照。但老一辈畲族人在打制银器时，这一步骤往往是被省略的，究其缘由，一方面是绘图对艺师的美术功底有一定程度的要求，另一方面，更为重要的是，千百年来这一工艺的传承方式基本上都是师徒之间的口口相传，徒弟以师傅的制成品为参照，全程参与到师傅制银的整个步骤中来，采用目识心记的方法将整个打制银饰的工艺熟悉精通，直至自己学成出师，也按这一方式将这一古老技艺继续传承。

2. 熔炼范铸阶段 在制银前，银匠先取所需的银料，将其进行高温熔化，待银熔化至可流动的液体状时，即可开始浇筑铜模。首先将银料放入特制锅中加热熔化，倒入形状槽成坯。由于银坯的品质取决于银料的模铸过程，因此这一过程要严格控制银料的液化温度、形状槽温度，以免在银料内部产生蜂窝等缺陷。这一步完成后，再将银坯酸煮，除去表面的助溶剂、氧化物等。

3. 锤打成形阶段 化银后，银匠需要先将银熔炼成需要的银片、银条或者银丝等小部件，然后根据要制作的银饰种类将银片剪成需要的大小，一般需比实际需要的尺寸大一点，以备后续可能出现的小调整。如果需要制作的银饰较大，则需趁着银料未变冷时开始锻打，使银坯按理想成型。银片经过锤打会逐渐薄化、硬化，经退火处理加工成薄片。

畲族银匠也会锤打银坯，用特制的拉丝钳、拉丝板拉出所需形状线丝。

4. 操形雕刻阶段

（1）在银匠必备的行头里，往往有一套当地常用的银饰纹样模具，银匠将剪切好的银薄片覆在模具上，用木槌或胶锤将片坯砸成大致形状，再采用捶打冲压等方法，在简易模上锤打出浅浮雕或者立体雕形，将模具上的花纹印制在银片上，直接得到需要的纹样，然后将毛坯取下，经过酸煮退火等工序进行表面氧化处理。

（2）冲压过后，将压好的银坯固定好，方便下一步的精雕细錾。

（3）錾花，俗称"雕花"，这一步是整个工艺中最关键的地方。银匠的技艺直接决定了雕出来的银饰的等级。雕花所用的工具是一把小锤和各种特制錾头，錾头根据具体雕刻类别的需要也分为多种形状。錾花雕刻是考验银匠手头功夫的关键，一般先用压印凸花、锤雕工艺使图案层次分明，后用解、起、凿、雕等錾刻方法处理细部，用珍珠錾、美丽錾等修底，雕刻完后从胶结剂中取出，退火酸煮待用。经过银匠细心加工过后的银饰雏形已具，银匠需要做的就是对其进行修边，将多余或略不和谐的部分进行修剪，尽量达到细致规整。

5. 掐丝镶嵌阶段 拉出的线丝（可细如毛发）适合用于花丝和点錾技艺，按设计要求交叉运用填丝、累丝、炭丝、穿丝、搓丝等工艺，及在银片上錾出点、线、面雕刻图案、组合成各种坯件。工匠会运用磨锉、刀、镊子等工具配合错、包、镶等技法，使线丝与各种片坯结合。

6. 组合焊接阶段 在银饰制作完成后，银匠会对需要组合或拼合的银饰进行耐心拼接，满足银饰品的丰富层次需求。在小心拼接好后，银匠就需要对其进行高温焊接，焊接完成后，银匠会将已雕刻完的物件按设计要求用铁丝固定，按物件大小要求用撒焊沫、点焊粉、堆焊粒等方法进行焊接，具体包括藏焊、外焊两种方式。接头有无焊痕，是检验焊技水平的标尺。手法的熟练程度、助熔剂的选用、物件温度的控制都会直接影响焊接的最终效果。

7. 细致精修阶段 把焊接完整的物件用各种锉刀、砂纸、布轮等，由粗至细进行修整、抛光。

8. 表面处理阶段 为了使银饰色泽光亮，银匠们需要给银饰进行除污去垢，俗称"洗银"。一般的做法是先给制成的银饰涂上一层硼砂水，然后用木炭火烧去附着在银饰上面的氧化层，再放进紫铜锅以明矾水溶液进行烧煮，用清水洗净，再用铜刷刷洗清理，再退火，用乌梅水煎煮三次，用铜刷进行刷洗。退火，再用低浓度的明矾水溶液煮一次，以清水冲洗完毕。最后用玛瑙刀修光，达到亮光、亚光、半亚光效果，至此，一件完整的熠熠发光的畲族银饰便呈现在了世人面前。

畲族银器制作工艺历史悠久，经过不断的传承光大，逐渐形成了上述手工制作工序，以"操、凿、起、解、披"五大精髓工艺为特征，融合平雕、浮雕、圆雕和镂空雕等雕刻上的独特工艺。其高度概括的五字技法中，"操"，即操形，可以简单理解为银坯放入锡模的过程；"凿"是运用多种金属凿具将余角料剔除和对高低不平处进行加工处理的过程；"起"是将基本成形的初制品从胶版模中取出和制品局部挪移形变的过程；"解"是使用各种工具，凸显造型和将各种图案刻画成型的过程；"披"即披花，是在制品上镶画细刻的过程。这些独特的工艺手法代表了畲族民间金属工艺的最高加工水平。

第四节　畲族银饰文化的保护、传承和发展

畲族银器具有多种多样的题材和种类，采取纯银材料制作，拥有光滑的表面和鲜活的色泽，使银的天然特性得到保存。同时，独创的退錾技巧，能够制造出具有分明线条、鲜明层次且具有立体感的作品。现代闽东畲族银饰在风格上具有突出的表现力、巧妙的造型和精细的做工，将畲族文化中的神秘与纯朴粗犷的特色体现在银饰之中。银饰的纹饰和造型都十分符合畲族人的传统审美观，同时沿用了畲族文化所提倡的工艺手法，追求高度融合技艺和美感，乃至完美的工艺。例如，利用控制银料纯度和银坯厚度，提升作品的表现力，使银料的延展性得到极大提升；采用退錾、踏錾等特制的工具来制作适应畲族审美观念的线条花样和造型图案，在保持银器表面清洁和光亮度时采用独特的工艺秘方，保持银器的天然色泽，防止银器腐蚀氧化，避免使用化学药剂；再如畲族人的银蓝制造技艺，整个制造过程中有大量复杂的工序，包含制胎、掐丝、烧焊、点蓝、烧蓝等，这种工艺在半个多世纪前就被运用在福安畲族烧蓝银器的制作过程中，以致这些银器被列为福建省著名民间手工艺品。

一、畲族银器制作工艺传承的困境与保护措施

（一）畲族银器制作工艺传承面临的困境

同国内其他地区其他种类的民间传统工艺一样，在当下，畲族传统银饰制作技艺也正面临着时代交替所带来的机遇与挑战。一方面，国内、国际交流日益频繁，不同民族之间文化交流碰撞的次数已经和以往不可同日而语，相互学习、相互改进的空间大大拓展；另一方面，国家和政府近几年高度重视文化产业的保护与发掘，不断出台新举措、新政策，扶持和鼓励传统民间技艺的保护与发展，这些都为畲族传统银饰的发展创新提供了新的机遇。但同时，社会的发展，时代的变迁，人类生产、生活方式的巨大变革也为个人的发展选择提供了多种可能，发达的交通、迅捷的信息，带来了生活环境的巨大变革，畲族新生代的青年人有着和祖辈们完全不同的人生观和价值观，越来越少的畲族青年愿意选择制银这一耗时耗力的古老行当，导致从业人数不断减少。从这一方面来说，畲族传统银饰制造技艺又面临着前所未有的危机。具体可总结为下面几条：

1. 畲族银饰汉化的加剧　严格意义上来说，畲族银饰的汉化其实自古以来都在进行，随着各民族交流的日益频繁，他们的审美趋向也在文化渗透的背景下日渐相同，畲族传统银饰，包括纹样与形制，越来越趋向汉化已经是一个不争的事实。

2. 从业人数急剧减少　要掌握畲族银饰的制作技艺，需要经过长时期的技巧学习与训练，除了掌握基本的平雕、浮雕、圆雕和镂空雕等技法外，还需要从业者具有一定的美术功底与文化功底，学习周期一般为几年甚至十几年。在现代社会就业门路的拓宽导致越来越少的青年一辈选择银饰制作作为谋生的手艺，畲族银饰的制作工艺面临着严重的后继乏人的失传境地。

3. 机械化生产的大量引进　眼下，市场上对于白银与黄金饰品长期追捧，加上民众对白银饰品不断增长的需求与购买力，仅靠传统的手工制作的方法来满足市场的需求已不

大可能，因而在一些制银工厂，大量的机器和模式化的生产流水线被引进。这一方面确实能有效提高产量、满足需要、带来经济效益，但是另一方面，所生产出来的畲族银饰制品，其实只能算得上是"商品"，而非"艺术品"。在"量"与"质"之间如何取得平衡，是摆在畲族银饰从业者面前的一道难题。

二、畲族银器制作工艺的保护措施

下面三点是目前已经采取的对畲族银器制作工艺的保护措施：

1. 提供政策保护　近年来，市政府、宁德市委高度重视非物质文化遗产的保护与挖掘，在宁德的重要非物质文化遗产保护项目中，畲族传统银饰制作技艺是十分重要的项目之一，对它的保护做得十分到位。例如，珍华堂申报列入"福建老字号""福建省首批非物质文化遗产保护名录"；代表性的传承者被专家设为市级拔尖人才，依法享受政府的津贴。

2. 政府、企业与学校携手，多管齐下　例如，为了保护畲族银饰制作工艺，以"盈盛号"为代表的企业重新开启了员工技能培训，并更新资格认证方式，将销售单位与生产单位连接起来，建立多方联系，使人才能够得到高效输送。另外，受到宁德市政府的支持，"珍华堂"在政府的帮助下开始与学校联合，使其银饰制作技艺能够被更好地传承下来。"珍华堂"在办学方面，与福安市职业技术学校展开合作，设立了"银雕艺术专业"，市政府和学校一同承担学生的学习费用，既使得畲银企业拥有了更多的后备人才，也解决了学校的后顾之忧。

3. 打造优秀"文化品牌"，走内涵推广路线　宁德市政府在深入挖掘文化底蕴方面将教育与政策摆在同一位置，一方面组织专家学者全面、翔实地普查福安民间畲族银器制作的工艺资料，对整个福安畲族银器艺术的资料建立艺术档案，并建立相关保护名录；另一方面，积极选择优秀的畲族银器艺术作品参赛，并举办大型的展览，向全国、省、宁德民间艺术博览会输送优秀艺人和作品等，使对畲族银器制作工艺的保护成为良好的社会现象。积极邀请相关部门介入展览会，比如媒体、文化、宣传等，帮助企业树立品牌，营造良好形象，扩大企业影响面，进而使得畲族银雕技艺得到弘扬。

第五节　畲族银饰蕴含的民族情结

畲族是一个典型的混居少数民族，与汉族关系密切。在闽东这个典型的畲、汉混居地区，当地汉族群众也十分认同银饰品的吉祥纳福功用。这一带的畲、汉群众每逢新生儿满月，必让小孩佩挂银锁、银脚链、银手镯，这种传统习惯沿袭至今。由此可见，畲族银器制作工艺，不但展示了畲族传统文化的靓丽色彩，也强烈地体现了汉民族文化的内容。

现在，蒙、藏、苗、瑶等少数民族慕名而来，纷纷接纳并喜爱上畲族传统银饰，充分显示了中华民族文化的伟大包容性与融合性特质。虽然长期以来受汉文化的影响，当今畲族青年已经基本不穿戴突显民族特色的民族服饰了，但对于没有本民族文字的畲族来说，民族服饰作为民族传统文化的外在表现形式，其民族人文化价值十分突出。而银饰品是畲族传统服饰的重要组成部分，在银饰品上留下的各种纹饰符号图案，记载着只有语言而没有文字的畲族文化变迁发展历史。在某种意义上，研究畲族传统服饰就是研究畲族人的价值取向和民俗习惯，就是传承畲族传统文化。福安畲族银器制作工艺继承了畲族传统，为畲族文化的传承留下了特殊的物证，是研究畲族传统文化的珍贵资料。

至此，闽东畲族银饰已不再是单纯的艺术品，它植根于畲族文化的深土，起源于民间，又深受宫廷文化的影响，既置身于族源历史、图腾信仰、民俗生活的包围，饱含质朴、粗犷、神秘的色彩，又蕴含正统银雕文化中造型新巧独特、纹饰雕工细腻精美的高雅风格。其造型纹饰取材广泛，具有很强的写实性和浓郁的生活气息；在精神文化上追求与畲族传统审美观念的统一，有很强的民族特征；在作品设计上寓意吉祥丰富、构思奇特、层次分明、主题突出、达到抽象与具体完美结合，外形华美瑰丽，粗犷之中见细腻，充分表现出艺术构思的连贯性和整体性；在工艺技法上要求严格，追求外在美感与高超技艺的融合，力求完善。这些银器制品不仅是畲族人日常生活中的装饰品，也是凝聚了畲族人勤劳、智慧的艺术珍品，体现了其中蕴含的民族情结，成为民族文化内涵的艺术体现。

第六章　畲族服饰中彩带的制作工艺及其传承发展

第一节　畲族彩带的历史背景

畲族的历史非常悠久，其族群现在多分布于广东、浙江、安徽、福建、江西等省的山区。畲族人非常崇拜始祖盘瓠和凤凰，畲族对于凤凰的崇拜从他们的织锦带上就可以看出。

从畲族悠久的历史就可以看出，迁徙是畲族人生活的一部分，他们扎根于山区，在青山绿水中劳作和生活，畲族人的审美观念和民族性格就是在此种环境中形成的，他们对自然中的一切都怀有特殊而浓烈的情感。畲族人将这种情感寄托于服装的服饰纹样中，畲族彩带是畲族先民审美理想的鲜明体现。畲族先民们从大自然和生活中发现美、提取美，并把对美的理解浓缩在织锦带上，它不仅是民族审美的视觉呈现，而且还渗透着畲族人的自然观、吉祥观以及人生观，更代表着畲族人的心灵和历史，记录着畲族人悠久的历史故事以及丰富的民俗文化，是畲族先民审美意识和心理情感的物态化，反映出畲族人对生活的热爱、对祖先的敬仰、对自然的敬畏以及对民族历史的追寻，具有独特的艺术魅力和深厚的文化内涵。要想进一步了解畲族传统服饰的文化内涵，可以以畲族彩带为切入点展开深入研究。

彩带是畲族历史悠久、流传广泛的手工艺织品，又称"拦腰带""带子""合手巾带"（花腰带）等，用于束腰，在畲族女性服饰文化和婚嫁文化中占有重要的地位。

彩带在畲族人的日常穿着中主要作为服饰边缘的装饰品、起固定作用的拦腰以及绑腿饰品等。除此以外，还可以用于固定背篓或者代替裤带等。历史上的畲族人迁徙频繁，主要以涉猎、流徙的方式生活，家庭多是自给生产，生产方式也多以"手工"为主。这就是畲族彩带编织得十分轻便小巧的原因。在旧社会，畲族女子几乎人人都会手工编织，并且该手艺也在不断地传给后代。彩带除了具备上述的实用性功能，还经常被畲族的男女青年选作"定情信物"。畲族的传统习俗之一即女方会选择在男女双方定情时将自己亲手编织的彩带交给男方，用来证明同意两人之间的关系。以前，畲族的姑娘从5、6岁的时候就开始跟随母亲学习彩带的编织。畲族人会根据编织的彩带判断姑娘心灵手巧的程度。在男女双方定亲的时候，无论男方送给女方哪种礼物，女方一定会用一条自己编织的彩带作为回礼。但是，很遗憾，在现代的畲族文化中，这一习俗已经慢慢消失。

一、畲族彩带与凤凰装的关联

畲族的传统民族服饰中肯定少不了由凤冠、凤衣、织锦带、凤围腰和凤鞋组成的凤凰装,这是畲族在悠久的历史中创造的独一无二的服饰文化,将畲族人对凤凰的崇拜体现得淋漓尽致。凤凰装作为畲族物质文明、审美情趣和精神寄托的重要载体,既让畲族服饰得到美化,同时又记载了畲族历史,对自身文化的记录可谓是由内而外。凤凰装承载了畲族的精神文化、物质文明和审美意识,也用自己的方式默默地记载和传承着畲族千年的历史和文化。

(一)畲族彩带与自然环境的关联

民族的社会观和文化史都可以在其服饰上看到缩影,因此,应该在畲族的文化背景下探索和研究其传统的民族服饰。气候、地形等自然环境因素对每个民族文化形态的形成都产生了重要影响,人类的生存和发展以及文化的形成都离不开自然环境。除此之外,不同地区在文化上体现出的差异和多样性也是因为多样的自然条件而形成的,民族文化正是基于此才逐渐发展起来。因此,畲族的生活环境与其彩带的出现有着不可分割的联系,彩带上不仅浓缩了畲族的物质和精神文化,还体现了畲族人民的情感和审美情趣。

畲族有着悠久的历史,闽、粤、赣三省交界处从唐代就有了畲族先民的身影。畲族人从宋元时期开始迁徙,而现在畲族"大分散,小聚居"的格局则是在明清时期形成,这一时期出现了畲族人大批迁往汉族居住地的现象。若装饰艺术所展现的地域性特征是基于自然环境存在的差异而形成,那么畲族人敬畏和崇尚自然的秉性就是在和自然不断的交往中得来。偏远的深山是畲族先民在迁徙时所选的居住地,他们会用树枝和草木搭建房屋,然后开始生产劳作。畲族的生产力也因为漂泊的生活而显得落后,生产工具既粗糙又简单。大自然为畲族人提供了一切生存发展的可能,因此畲族人才崇尚自然、敬畏自然。畲族人不仅从自然环境中获得需要的物质,也在和自然的交往中形成自由、乐观和淳朴的性格,这是非常难能可贵的。

畲族人崇尚自然、敬畏自然以及喜爱自然的天性都能够从他们的装饰艺术中看到。例如,很多与生活有紧密联系的自然景色和动物植物都能够在畲族人的艺术装饰题材中找到。畲族人将主观情感与洞察力相结合,再利用巧妙的构思来升华自然景物,最终将其变为充满民族特色且又十分精美的装饰纹样。

畲族装饰艺术在色彩的应用上大胆夸张,且都来源于大自然的灵感启发。例如,彩虹式花袖是福建霞浦半月里畲族村非常传统的妇女服饰,其灵感就来源于自然界中的七色彩虹,很好地展现出畲族人的艺术创作灵感源于大自然这一理念。

(二)畲族彩带与生产方式关联

畲族人长时间在深山中劳作和生活,所以实用和舒适是畲族传统服饰的设计初衷。从款式设计上看,袖子的长度较长,但袖口处并不宽,会将绑腿绑在裤脚口处,防止蚊虫叮咬。领口处的设计并不高,而且衣身两侧有开口的设计,可以通风透气。最开始的畲族彩带是非常实用的服饰配件,可以用来捆绑物品、当作腰带或裤脚带。不过畲族服饰的纹饰也随着不断进步的染织和手工技术而更加多样,在装饰性提高的同时,动物纹样也不再是唯一的选择,出现了动植物相结合的题材。可以说,畲族服饰无论是材料、色彩还是形制和纹样都深深地受到传统经济生活的影响。而从畲族彩带上可以看出畲族社会发展的足迹，说明其能作为一种文化符号而存在。

畲族文化的物质基础是农耕和狩猎，而它们也作为题材出现在畲族的装饰艺术中。比如，植物花卉是畲族装饰艺术中最常见的纹样，大部分都是蔬菜、莲花、瓜果、牡丹、石榴等常见的农作物。狩猎和耕种的内容也常作为纹样出现在畲族的织锦带上，这些都是畲族人日常生活的体现。此外，畲族人的经济生产方式也与他们崇尚青色和黑色有关联，畲族人的生活自给自足，蓝靛是最具代表性的种植品，这导致了他们的服饰多用黑青色。从上述内容可以看出畲族先民对游耕文化的悉心观察与体认，生产方式对他们的传统服饰艺术产生了深刻的影响，使他们的民族服饰风格既浓郁又独特。

（三）畲族彩带的演变

畲族凤凰装不可缺少的一部分就是织锦带，而织锦带也在跟随着凤凰装的发展而变化着。

经过不断的改造，畲族传统服饰早已与原来的形制有所不同。站在神话传说的层面来看，"三公主"为了更好地融入盘瓠社会而不断改良凤凰装。但站在历史发展的层面看，畲族服饰的不断发展反映出一个个时代的变化，这些无不体现着畲族人在历史长河中经历的一切民族、社会上的变动以及文化上的不断交融。

早些时候的彩带并没有强大的装饰功能，其主要是实用工具。随着历史的不断发展，畲族的传统经济生活也发生了巨大的变化，让彩带有了更强的装饰功能，"布斑斑""珠垒垒"的服饰风格代替了原有的"不巾不履""椎髻跣足"的服饰特点，继而让彩带也有了更多的形式。

第二节　畲族彩带的艺术特征

畲族人的历史和自然环境造就了他们朴实无华的审美情趣，畲族人独特的艺术审美来源于他们独特的生活环境，从畲族的彩带上可以看出他们有一双善于发现美的眼睛，也能够看出畲族人的审美是如何形成的：畲族悠久的历史文化让畲族人在装饰纹样和色彩上找到了自己的审美规律。

一、畲族传统织锦带的纹样

畲族人的人生观、世界观和审美情趣都浓缩在了一块小小的彩带上，这些独特的抽象纹样被传承下来，也体现出了畲汉两族在文化上的交流。畲族彩带上的编织纹样展示出了独特的民族文化，而且成为人们了解畲族悠久的历史和民族文化不可或缺的珍贵资料。字带纹样和符号纹样是畲族传统彩带最为主要的两种纹样。

（一）畲族彩带的字带纹样

历史上的畲汉两族长时间杂居在一起，汉族文化给畲族带来了深远的影响。各民族在汉武帝徙百越、征闽越的举措下实现了杂居和交往，也让畲族和各个民族有了更多的交流。汀州和漳州是隋唐时期在畲族地区设立的两大郡县，这也为畲族带来了全新的生产方式。明清时期的畲族人聚居在浙南和闽东等地区，同样吸收了当地的文化。

畲族人在不断迁徙中开始了与汉族的杂居，让两族在文化上有了很多共性，这在畲族的文字彩带上就能够看出来。文字彩带不如符号彩带出现的时间早，但其见证了畲汉两族的交流，反映出了畲族在文化上受到的来自汉族文化的影响。

时代和社会的进步让更多畲族妇女可以学习文化知识，而她们也开始用文字彩带代替符号彩带来表达内心世界，表达她们对亲人的祝福。畲族人对生活的无限追求可以从文字彩带上直观地看出来。这些文字不仅展现了汉族诗歌的押韵和对仗，也暗藏着畲族人在信仰上的追求和道德上的观念，将畲族人特有的文化和生活体现得淋漓尽致。可以说，畲族人的生活都被记录在这一片片的编织彩带上，它们就像是移动的启蒙教科书，成为畲族人伦理道德和审美情趣的简单教材。

畲族人的历史可以从符号彩带上看到，而文字彩带则是对时代的反映。例如中华人民共和国成立之后，很多对中华人民共和国的赞美和歌颂就出现在畲族彩带上，表明时代给畲族文化带来了深刻的影响。畲族彩带文化的另一个特征就是展现了畲汉文化上的共性。

（二）畲族彩带的符号纹样

可读性是畲族彩带艺术的一大特点，这些装饰纹样就是民族语言，是服饰上的一本本古书。符号纹饰相当特殊，其在畲族悠久的历史中始终散发着光芒。符号性纹饰的特殊性和连贯性使其能代表畲族的文化形态，可以作为文字在畲族社会中使用。

畲族人内部有自己的交流语言，但却没有文字，畲族文化的传承基本依赖于口耳相传，但此种传播方式很容易让人产生记忆上的偏差，因此有很大的局限性。从畲族彩带的符号纹饰来看，虽然因为年代久远，我们无法精确、深刻地了解这一符号纹饰在畲族文化中是如何创造出来的，又发生了怎样的衍变；但在传承的过程中，符号纹饰较为稳定，而且在整个民族中都存在。如果符号纹饰只起到装饰的作用，那么将很难传承到现在，所以其寓意应非常独特，也许是一种意符性文字，将畲族的历史演变、民风民俗和生产生活用象形手法记录下来，并深深地根植于畲族人的脑海中，用这种方式传承畲族的文化和传统。从民俗文化学的角度来看，符号纹饰就是社会符号，而符号后面背后是民族风俗，还有人的心理。

畲族先民在耕种和狩猎中诞生了创造畲族彩带中符号纹样的灵感，因此符号纹样大都来自生产劳作。飞逝的时间模糊了纹样所代表的的意义，但根据现存的纹样还是能够窥见一二，例如狩猎、编织、山居、垦田、收获等纹样代表了畲族人生产劳作的状态；山、水、日、月、田等纹样代表了自然状态；敬凤、敬日、敬龙等纹样代表了畲族人的信仰；往来、交流、聚会、就业、婚嫁等纹样代表了畲族的人文现象。畲族的各种历史信息都蕴含在丰富多彩的符号纹样中，使其有了深刻的内涵。但到了现在，畲族传统彩带已经快要失传，而想要对其进行深入研究，就必须不断搜集彩带的织纹和释义（图6-1）。

从字形和字义上看，畲族彩带中的很多意符文字都与汉字类似，表明了畲族人与其他民族在历史的长河中的沟通和交流。分析和对比之后可以发现，抽象特征、汉化特征和会意特征是符号纹饰最有代表性的三种特征。

1. 符号纹样抽象特征　该类符号纹样都是基于几何图案而来，由几何图形构成的纹饰主要为矩形纹、菱形纹和锯齿纹，线条大方简洁，全部呈斜向排列，要表达的观念都是抽象的。这些符号纹饰在表现空间和亲疏上的距离时常用笔画之间的距离来衡量，例如亲

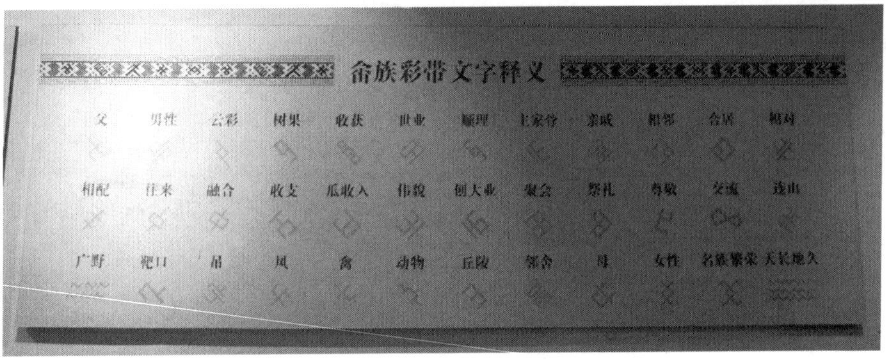

图 6-1　畲族彩带部分文字释义

戚与邻居、山脉和丘陵等，对广阔的时空和漫长的时间则是以不断的反复来表现。

2. 符号纹样汉化特征　产生、发展和变化是所有事物都要经历的过程，装饰文化也不例外，从人类历史就可以看出，只有各个文化相互借鉴和吸收才能促进其发展。同样地，外来文化对畲族彩带纹样也有着较大的影响，也许是古时候的畲族在与汉族交流之后创作出了和汉字造型相似的符号纹饰。生活和劳动是畲族彩带纹饰中经常表现的内容，畲族人用此种方式来体现他们的物质世界和精神世界。例如，巫术是汉语中"巫"的释义。但畲族符号纹样中的"巫"则代表拥有较高地位的人，由此可以从侧面看出畲族社会非常重视古代图腾。从中也可以看出，畲族彩带上抽象的装饰纹样体现着畲族人最原始的对于自然的崇拜。

3. 符号纹样象形特征　"甲骨文"是浙江景宁畲族自治区的人对彩带字符的称呼。甲骨文是中国现存最早的文字，距今已有三千多年历史，也被称为殷墟文字或卜辞，最早出土于河南省安阳市的殷墟，是商代遗物，多用来占卜凶吉，其内容以"卜辞"为主。现在也没有准确的证据能够说明甲骨文和符号纹样之间存在联系，但二者在形制上的确有相似的地方，例如它们都具备象形因素、都可以通过形状来表达意思。

文字可以辅助语言、扩大交际，可以将语言书面化，同时也可以作为符号来记录语言。在人类的发展过程中，文字显现出了和语言同样的重要性，其将处在原始时期的人类拉进了文明时期。畲族人的思想就是依靠这些符号纹样来表达的，可以说，它们就是畲族的文字。

彩带上面的图案主要分为两种：简单象形图和字符式图案。其中，简单象形图主要以"鸟纹"为主，而字符图案是赋有一定寓意的，其所描述的内容大多与天气、农耕以及作物等人们的日常生产生活紧密相关。

从各地收藏及资料来看，有鸟纹的彩带并不多见，而"简化的汉字"纹样的字符图案则是浙闽所有彩带统一的图案形式。这种字符图案通过各种 45°交叉的折线来表现，是一种简单的折线形几何纹样，在带子上有单排排列的，也有双排排列的。彩带图案形式是祖辈流传下来的，景宁、宁德、罗源、霞浦和福鼎各地彩带的字符图案基本一致。这些类似于字符的折线形图案还含有一定的寓意。从在景宁、宁德、福安和福鼎所见的几种彩带来看，浙闽畲族彩带图案重合度极高。

由于浙江畲族迁徙自福建，彩带编织源出同宗，这些字符图案最初可能起到了一些最为原始和简单的祈福与记录功能，在民族迁徙过程中，虽然服饰形制外观随着文化融合和经济发展不断变化，但是作为一种民族的共同记忆和强化符号，彩带工艺被坚定地保存下来并严格遵守历代相传的织纹，流传至今（图6-2）。

图6-2　传统山哈彩带

二、畲族彩带的多样色彩

文化性和审美性都能够从畲族彩带的色彩艺术中体现出来。畲族人对自然有着强烈的感受，而畲族的服饰色彩也在经过千年的洗礼之后不再只是单纯地表现自然中的景象，更是加入了对民族情感和文化的表达。

畲族的凤凰装不可缺少的一部分就是彩带，二者在色彩上相得益彰。畲家歌谣中的"青衫五色红艳艳"足可以用来形容凤凰装的色彩艺术，也就是将刺绣绣在青色或黑色的衣料局部，形成鲜明的对比，但整体来看还是非常简洁。凤凰装无须过多的刺绣，不过其色彩相当明艳。畲族艺人特别擅长鲜明的色彩对比，不过他们通常不会选择大面积的色彩对比，而是会选择小面积均匀地铺开色彩，使其在变化的同时又能达到统一，他们会在彩色点块上辅以轮廓线来实现这一效果。畲族服饰喜欢使用暖色和纯色，追求视觉上的反差，但看起来又非常协调和含蓄，也会加入少许冷色来丰富色彩，使其更加耐看。此种安排可以让色彩美丽又不俗气且繁而不乱，即使是画面中突出的色彩也能够很好地融合在整个色调中，对色彩的安排达到简繁有序且主次兼顾。畲族的凤凰崇拜为其凤凰装的色彩提供了灵感，畲族人将色彩鲜明且奔放的刺绣装饰看作是凤凰五彩斑斓的羽衣。

在畲族凤凰装中，彩带属于配饰，底色为白色，因为凤凰装是暗色的，所以非常醒目。黑色和白色是彩带的主要用色，较为简单和朴素，但会有彩色的经线绣在两侧。各种植物可以为彩带提供染料，山黄的果染出黄色，山栎皂斗染出黑色，靛蓝的蓝草叶染出蓝色，茜草的根染出红色。畲族人能够使用的色彩较少，因为他们的染色工艺并不发达，染料品种也不丰富，但畲族人却用自己的智慧用相同的染料制作出了各种饱和度不一的颜色，一根彩线上的色彩有深有浅，织锦带的颜色因此增加，更加丰富和多变。织锦带纹样不仅充满了均衡感，还有着较强的连续性。畲族人对于色彩的运用既充满形式感，又通过色彩来达到平衡，让这种形式感不显单调，而是产生了醒目的效果。

人类将物质与精神结合，使得艺术得以诞生，民族文化总是会附有一定的民族色彩。要想对色彩的文化特征和规律进行进一步研究，就要在特定的文化地域环境中分析畲族服饰的色彩。畲族人勤劳朴实，长期的迁徙、恶劣的自然环境、艰苦的生存条件都没有让他们畏惧，他们依然繁衍生息着。因此，他们敢于与大自然斗争，但同时又对大自然充满了敬畏。在这种地域环境下，畲族的传统服饰从整体上看既简洁又庄重，但局部的色彩却非常鲜明，产生非常明显的对比，装饰也都有着极强的象征意义，此种民族艺术非常独特。

三、畲族彩带的内在文化信息

畲族彩带源远流长，是畲族千百年来美学思想的凝聚，凝聚着独特的民族文化。作为一种流动着的文化，传统民族服饰的社会发展历程呈现出的主要倾向有两种：在横向研究上，民族发展的过程通过传统服饰来展现，包括该民族的变迁与融合过程，也包括该民族的文化发展过程；在纵向研究上，民族特有的审美情感凝结在传统服饰中，赋予了民族服饰深厚的文化内涵。

（一）彩带体现的图腾信仰

畲族特有的民族文化心理在畲族彩带上有鲜明的表现，主要通过色彩和纹饰隐喻而成，其中图腾崇拜最具代表性。畲族服饰的纹样主要以龙纹和凤纹为主，其中龙纹象征着盘瓠，凤纹象征着"三公主"，它们传承自古老的凤凰装。畲族服装各个部位的仿凤造型都生动形象，例如凤冠、凤尾，体现了畲族人对凤凰的崇拜。彩带是凤凰装的重要组成部分，彩带的纹样多是记叙始祖盘瓠传说故事的饰样，也有很多记录了敬龙、敬凤等行为的题材。

畲族彩带上的纹样不是直白的文字，而是将大量民族神话、传说故事融入其中，一条彩带编织了丰富的畲族历史，寓教于乐，寓情于景。畲族彩带与畲族的歌谣有着"以纹代言、以歌叙史"的美称，也有着重要的历史文化内涵：一是，畲族人希望彩带上的图腾信仰能够给人们带来力量和庇护，祈求兴旺发达、平安吉祥；二是，彩带在无言中传承了畲族悠久的文化历史，起到了传承民族历史、弘扬民族文化的作用。

（二）彩带体现的生活民俗

装饰艺术一般会融入人们的日常生活，融入衣、食、住、行、用等各个方面，具有实用物品和凝聚深厚民俗文化的艺术品的双重属性。有着神奇、独特文化魅力的畲族彩带，寓意吉祥，是畲族的美好信物，也承载了畲族先民祈福纳吉的精神信仰。

对于畲族女子来说，编织彩带已经融入其生活，母亲从小就教她们编织彩带，一般的女孩五六岁就开始这么做。刚开始学的时候，小女孩织的是"直条柳"，也就是没有纹样的彩带。熟练了，女孩们才开始编织真正的彩带。在畲族，能编织精致的彩带是姑娘教养、心灵手巧的体现。畲族女孩到了可以结婚的年龄，会悄悄送给意中人自己编织的彩带，所以，畲族男子腰间扎的不仅是美丽的彩带，还是姑娘们的一番爱意。畲族的婚礼离不开彩带，彩带可以是新婚礼服的装饰品，也可以是畲族姑娘的嫁妆，还可以是畲族婚礼礼仪道具。例如迎亲的时候，有的畲族男子会取出新娘送的彩带，用珍藏很久的彩带牵自己的新娘入洞房。彩带紧紧牵住两个人，也系住两颗心，象征着他们的爱情天长地久。

（三）彩带体现的外来文化

多种文化成分不断冲突、相互交融，最后完成涵化，就形成了新的文化。畲族服饰的变迁也吸收了多种文化，历经四个阶段才逐渐成形，也就是东夷原始、宋元多源、元明从简和清代成型四个阶段。在最后成型阶段之前，畲族人下山后，不穿民族服装，不自认其民族身份，甚至改名换姓。在这种情况下，畲族开始了汉化，学习汉族的生产生活方式，这种趋势在清代末期到达顶峰。畲族的传统服饰也就继承了汉族祈福纳吉的传统思想，吸收了汉族装饰元素，也展现出了汉文化的特征，鸳鸯戏水、鱼跃龙门和喜上眉梢等鲜明的祈福纳吉题材的纹样出现在了畲族凤凰装的装饰纹样中。有的畲族彩带加入了会意图形与汉字组合的纹样，还有一些甚至直接编织汉字，并赋予汉字原有字义基础上的新的内涵。

畲族装饰文化的形成离不开外来文化的影响，它充分体现了不同民族的文化间的相互影响。畲族装饰文化吸收了其他民族文化尤其是汉族文化的优点，做到了兼容并蓄。文化间双向影响的过程，充分展示了中华民族多元文化共成一体的格局。

四、畲族彩带与湘西苗族织锦的比较

（一）畲族和苗族在历史发展背景上的相似性

首先，畲族姓氏源自"三苗"，也就是远古东夷族群的蓝、盘、雷三个姓氏。三族的族源相同，祖先崇拜文化也相同，所以服饰纹样上有一定的相似性特征，例如凤、虎、牛以及一部分抽象纹样。所以，畲族与苗族在服饰上呈现出相似的民族文化特征。

其次，畲族和苗族不仅族源相同，漫长的迁移历史也相同。生产力的发展和民族文化的形成，是一个民族由蛮荒时代过渡到文明时代的标志。畲族和苗族都是在抗衡和迁徙过程中逐渐形成了自己的经济模式与文化传统。

（二）湘西的苗族织锦

苗族织锦是苗族四大服饰工艺之一，与苗族服装、刺绣、蜡染并称。苗锦通常在苗族服饰的头巾、衣襟、袖口、背带处织绣，其中以小孩的背带上最为常见。与畲族彩带相同，苗锦也是历史悠久、世代传承于苗族民间的编织技艺。

纹样能够直接反映民族的生活特征，因为民族生活特征相似，苗锦与畲族彩带都呈现出斜向排列的抽象纹样，相似度很高。这些抽象纹样的形式看起来千变万化、各有不同，但是大部分来自客观原型，是由基础的纹样推移、演变而形成，例如蝴蝶的造型简化后形成四个翅膀的纹样。苗锦中的几何纹样是苗族艺人的智慧结晶，其造型简洁、抽象、美观，通过疏密变化组成各种规律的花纹图案，特征鲜明，呈现出典雅、规整、对称、重复的美感，例如回纹、万字纹、水波纹、菱纹等。苗锦装饰纹样有多种多样的形式，既表达了吉祥的观念，又展示了人们记忆深处的民族历史和苗族文化积淀。例如苗人在苗锦中采用方形纹样，纪念祖先苦难的历程；用站立的孔雀纹样，表达纪念祖先或民族英雄的崇拜之情；通过飞鸟纹样，表达对鸟的崇拜和苗族人向往光明与自由的精神。苗族人民的苗锦，设计和编织出的也是苗族人漫长的历史和特殊的地理文化环境，是苗族人深厚的文化底蕴和独特的民族精神，更是苗族人民向往的生产、生活方式和美好愿望。

（三）畲族彩带与苗族织锦在色彩、纹样、工艺的对比

湘西苗族织锦和畲族彩带在织锦的色彩配置上略有不同，前者多用彩色经线，整体色

彩鲜艳，多用红色、蓝色。虽然与畲族彩带一样多使用纯白色底色，但是苗族织锦留白面积较小，彩色面积更大一些。比较而言，畲族彩带的总体色彩效果更加朴素内敛，湘西苗族织锦中的织带更加鲜艳夺目。

在织锦纹样方面，畲族和苗族的几何纹样都为古老图形演化而来的较为抽象的符号性纹样，寓意丰富，有的象征美好、吉祥，有的出自民族历史传说及文化信仰图腾。两者对比，畲族彩带的符号纹样更类似于文字性的表述，具有特定的含义；而苗锦只有一部分的纹样有含义，还有很多纹样是单纯的装饰。纹样通常由许多个图形组合表现某种寓意，苗锦的画面更为饱满丰富。

在织锦的编织工艺方面，畲族和苗族织锦相同的是使用棉麻线线材和天然植物染料。不同之处主要是编织工具，几根竹片就是畲族人的编织工具，简单便携，但此类简单的编织工具使畲族人只能编织细长的织锦带；而湘西苗族的编织工具是织机，较为完善，便于制作面积较大、程序复杂的织锦作品。

第三节　畲族彩带在当代设计中的传承发展

一、民族元素服装设计发展的问题

21世纪以来，随着科技的不断进步，人们受自然的限制越来越少。现代社会竞争日益激烈化，生活节奏也越来越快，使得人们对传统的、自然的、原始的生活生出了许多向往，这也是传统艺术和民族艺术得以重新发扬和传承的重要社会因素。民族传统服饰是人们智慧的结晶，是不可多得的一笔财富，而且基于此，更多的现代化服装设计理念被激发出来，它们是民族审美情趣的重要载体，和现代艺术美学有着同等重要的地位。

畲族彩带历经多年的传承和发展，体现了深刻的民族文化内涵和民族设计理念。分析畲族彩带艺术特征，主要是为了解和认识其形式美法则，把握其造型设计规律，并在此基础上创新和创造，从而提升彩带的实用性，并充分融合现代文化，激发现代美学灵感。而如何让现代设计和传统元素巧妙地融合在一起，既突显出民族特征，又符合现代审美需求，也引起了很多有关学者的重视。

二、畲族彩带在服装设计中的艺术形式

随着信息化时代的到来，人们的生活节奏越来越快，现代设计更加注重简单、快捷以及强烈等特征。畲族彩带艺术沉淀了畲族劳动人民的生产和生活智慧，其表达方式非常抽象化和平面化，带给人们质朴而明快的感受。这一设计理念正好和现代设计需求不谋而合。

1. 抽象的几何形态造型　现代心理学研究成果也表明，人类具有一定的抽象能力，而且随着人类文明的不断进步，抽象机能也已经成为人类审美功能的重要组成部分。因此，很多具象因素逐渐被取代，而一些抽象结构形式也逐渐被人们所认可和青睐，加上抽象形式结构是在整合审美意识之下产生的主体性的心理审美需求，其就会在一定程度上受主体的精神观念所影响。这也是畲族彩带在传承中所体现出来的文化内涵的促进作用所在。不管是从整体上或是局部上来看，现代服饰对装饰的要求都非常严格和精致，很多现

代化的设计灵感也是来源于传统的设计纹样和理念，只是在运用中加以甄别和筛选，保留了一些符合现代设计风格的简约元素，淘汰和改良了一些复杂的传统元素，使得服装设计更有特色也更有文化底蕴。

2. 丰富的排列组合秩序　畲族彩带纹样所体现出来的排列秩序和排列规则都是装饰艺术规律的外化。人们在设计时应更加注重形状的统一性、空间的协调性和形式的多样性，从而呈现出一定的美感，而非将各种纹样杂乱无章地堆砌。想要达到较好的装饰效果，就需要有条理、有规则地排列纹样。而且要通过对比、差异、冲突等设计手段，让不同的形象和不同的色彩呈现出一定的协调性和统一性，保持视觉上的相对平衡感，为服装设计的多样性和趣味性提供有利条件。

畲族彩带的纹样排列多采用连续和反复两个方法，即规则性地连续设置几个对象或者要素。比如可以组合排列四个或者多个小菱形，使其形成一个大的图案，并采取不同的大小、节奏以及疏密变化来达到视觉上的多样性。而且还可以采用较强的色彩对比，如黑白对比来展开设计，突出图案的视觉效果等。为了突出节奏感，还可以采用不同的排列秩序，用不同的色彩和形态来进行刻画，通过曲折变化、疏密高低的图案排列，形成不同的装饰节奏和明暗感。不管是符号纹样的内部结构、高低层次还是色彩的阶梯变化等，都透露出强烈的韵律感。而将彩带装饰加入现代服装设计中，也会使得现代服饰设计更加具有层次感和立体感。

总而言之，畲族工匠在装饰纹样中融合了生活中的感受和审美体验，反映了生活中的平衡、节奏和韵律等，并采用了连续和反复的创作理念，带给人们美妙的审美体验。

3. 粗犷朴拙的面料肌理　黑白是畲族彩带惯用的两种颜色，能够突显出强烈的色彩对比度，然后配以适当的彩色经线，为色彩搭配增添了一丝活力和生命力，而且采用的装饰纹样也以简单明了的图案为主，呈现出自然淳朴的审美风格。传统的彩带具有较好的肌理感，给人的触感也是比较自然舒适，因此在休闲民族风的服饰设计中经常会看到彩带的影子，乍看非常质朴，细看却时尚感十足。同时服饰的表现层次也更加丰富，服饰的质感得以增添。

现代服装设计中会采用结合多种肌理面料的方式，这样有利于突显出作品主题和个性，也有效避免了单种肌理造成的视觉乏味感，有利于将设计理念突显出来。而且通过各种拼接、组合等方式，将不同面料的厚薄、轻重、硬柔以及粗细等完美地融合为一体，会使得服装更加具有设计感和立体感，发挥出服装设计的独特魅力。

4. 人文气息的体现　畲族彩带既带给了人们视觉上的享受，也给人们以独特的心灵体验。不管是象形或者是抽象和会意等手法，都是基于一定的生活原型而来，并经由民间艺人加以创造和创新，从而设计出各种各样精美绝伦的符号纹样。这些符号纹样并非以逼真为主要目的，对物象进行了大胆的变形和创造，把握了物象最为独特和最有魅力的地方展开创作，带给人们审美上的享受。因此，畲族彩带是畲族劳动人民生活的体现和智慧结晶，其具有原生态的韵味，这也是现代艺术所无法比拟的。畲族彩带也体现出了畲族人热爱自然、和自然和谐共生的美好愿望，其主题包括开垦、种植、山居以及狩猎等和畲族人民日常生活息息相关的内容，也是对生产和生活的艺术化展现。

总体而言，尽管畲族彩带装饰貌似只是利用了点、线和面的组合，但实际上却是对畲族人日常生活和生产的直接展现，是人民思想和情感的寄托和载体。现代化设计应该充分地利用好传统艺术语言的独特魅力，展现传统审美意象的特征，将民族艺术精髓不断地传承下去，从而彰显畲族艺术的风格和魅力。而且在现代服装设计中融入民族艺术和民族传统文化，也能让现代服装设计焕发出新的活力和生命力。

三、畲族彩带在服装设计中的应用手法

1. 畲族彩带的装饰应用 根据不同的装饰应用，可以将畲族彩带的装饰效果分为以下几类：一是边缘装饰，二是满花装饰，三是分割块面装饰。满花装饰包括织花和印花等，是中国传统民族服饰中常用的装饰手法，而其他装饰都用于服装的边缘，起点缀作用。从设计的层面来说，畲族彩带是带状装饰的一种，因此常用于装饰服装的边缘，比如体侧部、腰带部、裤脚边、襟边或者领口等。

满花也常出现在畲族的彩带上，给人们带来强烈的视觉体验。很多服装会设计大量的抽象民族花样，设计师将这些抽象纹样在大小、疏密上形成对比，突显出服装的韵律感和设计感，给人们带来较好的穿着和视觉体验，既赋予了服装原始的民族审美情趣，也使服装蕴含着现代化的时尚感。

彩带不仅可以作为边缘装饰，还可以按照现代设计的审美形式重新组织，或平衡对称，或分割填充，使之更符合现代的装饰审美。可以通过用民族织锦花边勾勒边缘、分割块面等形式使服装产生独特的民族风情和时代美感，而且随着服装设计的不断发展和进步，刺绣、流苏等各种时尚元素也融合到设计中来，为现代服装设计增添了新的色彩。

2. 畲族彩带的创新应用 畲族彩带历经多年的发展和沉淀，其纹样和形式基本已经固定下来，现代服装设计过程中应该巧妙利用这些图案和纹样。可以创新传统织锦带的纹样，融合时尚化的元素，从而创造出新的彩带纹样和图案，提升服装的视觉效果。在设计中可以打破传统彩带的图案和设计，利用不同的经纬交错、繁简相间等方式，让彩带在现代服装设计中获得新的发展，让畲族彩带长久地传承下去。纹样设计形式应根据不同的部位而确定，这样才能具有协调性和艺术性。并可以采用大范围的图案装饰来刺激视觉体验，如此，既能保有传统织锦带的民族风情，又能焕发出新的时代感。

拼接手法让畲族彩带在现代服饰设计中更加具有后现代的戏谑感。可以将各种线型、针法和绣法融合到服装设计中来，并运用不同肌理的面料体现不同风格，让服装设计更加具有层次感和装饰感，给人变化多样的视觉体验，突显出后现代的风格特征。

四、畲族彩带在服装设计中的应用实践

1. 服装设计的主题 现代民族服装设计包括两个层面的主题：首先是感知层面，主要是从服装的材质、造型、色彩以及整体风格上予以把握；其次是细节设计层面，主要是把握剪裁、缝制、尺寸以及结构等细节。将畲族彩带融合到现代服装设计过程中，首要的任务就是准确把握设计的度，这样才能确保服饰的统一协调，既展示出传统民族服装的魅力，又符合现代审美的需要。若是胡乱地简单堆砌各种民族元素，将会给人一种凌乱不堪的感觉，不利于服装特色的体现；而且运用太多的元素也会让人产生审美疲劳。因此运用

各种民族元素时先要对民族文化有一定的了解和研究,以民族文化底蕴为基础展开设计,将民族情感融合到设计中,才能使服装设计主题清晰、充分体现出服装的美感。

运用畲族彩带元素时要以现代服装设计要求为根据,既展现畲族的历史文化和美学思想,也符合现代审美需求。设计中采用彩带元素并非只是为了凸显彩带的魅力,更是要通过这一现象去体会和感知其展示的民族文化和民族精神。

2. 畲族彩带与服装造型要素的协调应用 通常情况下,服装的款式、面料、工艺以及色彩等都是组成服装造型的重要元素。畲族彩带作为服装设计的组成部分,在运用过程中也需要遵循整体和局部、宏观和微观的统一性原则,从而确保其造型的协调性,合理利用不同的款式、工艺以及纹样等,既要突显出传统民族文化的神韵,又要符合现代审美需求。若是单一地采用彩带元素会使得设计比较单薄无趣,所以可以通过结合畲族凤凰装的其他元素,形成相互呼应的效果。凤凰装一般由四个部分组成,即凤冠、凤衣、凤鞋以及凤围,凤衣一般采用藏青色织布,作立领设计,并在领口、下摆或者衣角等边缘处加上刺绣等装饰;大裤脚裆裤也采用藏青色面料制成,并在裤脚边做挑花纹样的花边装饰;绑腿为白底蜡染布条;鞋为绣花船形翘鼻鞋。这一服饰具有强烈的民族特征,若是将这些元素融入现代服装设计中来,将给现代服饰带来不一样的视觉体验和神韵。

(1)面料。畲族传统服饰设计比较传统、稳重,一般不会出现裸露肢体的设计,给人沉稳内敛的感觉,其装饰也多是利用色彩的变化和纹样的选择等。所以面料上要选择比较有质感的材质,自织的麻布是传统畲族服饰的主要原材料,虽是受限于当时的经济发展水平而用,但也是一种传统生活和历史文化的体现。随着生活水平的提高,人们更加追求服饰的舒适度和质感,所以畲族服饰的面料选择也应该与时俱进。选择面料要基于两个原则来考虑,一是不能完全违背传统服饰的淳朴特征,二是需要满足现代人对舒适感和品质感的要求。棉麻面料结合真丝面料就是非常合适的方法,不但让人们获得舒适的穿着体验,也保留了畲族服饰的保守严谨的作风。这一面料材质和畲族彩带的淳朴自然也能顺利融合。

(2)色彩。传统畲族服装比较保守内敛,底色大部分采用黑色,耐穿耐脏且色彩较为简单,并用各种颜色如红、黄、蓝、绿等颜色进行装饰,使得服饰不会太过单调和乏味。因此在设计过程中要将朴素的色彩感传承下来,并以黑白两色为主,加上色彩艳丽的刺绣或者纹样以作装饰即可。

(3)款式。传统畲族服装的上衣呈 T 字形式,此种款式的缺点在于难以合身,而且两边袖子会有褶皱产生,不利于穿着的舒适感和视觉上的美观性。所以,现代服装设计针对这一缺点,沿用了凤凰装原有的立领设计,并将袖子做了插片式设计的改进,使得服装的实用性和美观性都得到了较大的提升。还可适当增减衣身中的局部元素,确保服装更加合身,以突显出女性的玲珑曲线。

(4)纹样。传统畲族服饰的纹样设计以简洁为主线,结合了彩带中的凤尾和刺绣等元素。畲族彩带的精髓所在即将凤凰作为图腾来对待,为服装的可读性提供了便利。代表畲族的凤尾纹和代表汉字的牡丹纹样结合,使得中国博大精深的文化内涵和民族精神得到很好的体现,这也是畲汉民族文化交流的见证,服装纹样的设计凸显出畲汉两族的友好交流和友谊深厚。

（5）工艺。凤凰服装上的刺绣工艺非常丰富，既有普通的平绣，也有挑花、插花等。所谓插花是先在底布上描绘好图案，用绣花针穿引彩色绣线，穿插出半凸的各种实体形象。挑花则是以刺绣图案的颜色为基础进行彩色的挑绣，从而形成多姿多彩的图案造型。凤凰装上的刺绣非常精美，构图严谨，并配合丰富的色彩，给人视觉上的美感体验。在设计中融入传统民族服饰工艺刺绣，在一定程度上改变了现代服装造型的单一性，丰富了造型的变化，其装饰效果也非常突出。在色彩上则可沿用畲族服装的传统风格，以淳朴自然为考虑原则，以黑、白、红为主要色彩，并采用渐变刺绣的方式，此种设计有利于体现出中国传统的手工工艺精髓，是中华民族人文史和民族史的发展见证，并让服装的文化内涵和人文气息更为浓厚。

五、畲族彩带应用性传承的建议

目前，畲族非物质文化遗产如传统服饰等都面临着生存和失传的挑战，就连文化局所呈列的畲族凤凰装都多用来演出，可见人们对畲族服饰文化的了解和认知非常有限。产生这一现象的主要原因有两个：首先是社会经济结构的不断演变造成畲族人的生活发生了翻天覆地的变化，手工艺这一传统文化也逐渐被工业所取代；其次是经济的进步和社会的发展，加快了畲族经济的发展和外交频率的提升，畲族人不再受限于一方天地，因此对传统民族服饰的喜爱被逐渐冲淡。

随着人们对民族文化的保护意识的苏醒和提高，各地政府机构和民间组织也开始重视民族文化流失严重的问题，并开始制作非物质文化保护名录。浙江省省级非物质文化保护名录中就收录了畲族彩带这一项目。不过想要让民族服饰文化传承下去，仅仅依靠保存实物往往不够，还需要提供一定的文化环境，使其具备较好的生存条件和发展前景。

一是可以利用计算机的便捷性，扫描彩带的纹样制成图案版样予以保存，这样既有利于传统彩带形制样式的保存，也能使其在各种设计领域得到充分利用。通常来说，服装设计、产品设计以及平面设计中都可以运用畲族彩带的形制样式等。站在服装设计的角度，不但可以在现代服装设计中运用彩带中有关纹样的元素，甚至在领带、腰带、丝巾等配饰上也可以利用这些元素，从而增加现代服饰的层次感和民族感。

二是畲族彩带和现代刺绣、编结以及染织等工艺都具有相同之处，因此可以采用机器来取代大部分的手工制作，既能有效地传承畲族彩带艺术，又能有效提高生产效率，让更多的人能够认识和了解畲族服饰，基于时代发展特征来发扬和传承传统服饰文化。

畲族的织锦带中蕴含着丰富的民族文化色彩和神秘的图腾信仰。随着各个民族之间交流活动的加剧，彩带的艺术形态呈现出丰富化的发展趋势。不管是从发展历史还是形制特征上来说，彩带都蕴含着深厚的民族文化和民族精神，是宝贵的中华民族财富，也是畲族人精神风貌和审美观念发展的重要见证物。不过社会发展的现代化、城镇化和市场化的加速，也给畲族传统服装的生存带来了重大危机。畲族彩带是畲族文化的重要部分，其后继无人的问题应该引起社会各界的重点关注。

畲族彩带艺术具有两个方面的特征，一是固态的物质性，二是活态的非物质性，而现在对其的保护还是以固态物质性为主，从中体现对其非物质性的保护和传承。不过博物馆陈列的彩带只能是一种标本，从本质上来说，彩带应该是一种民族文化传承，而且还要与时俱进，跟上时代发展的需求，如此才能让彩带获得更广阔的生存空间。

第七章　新时期畲族服饰制作工艺的
传承与活态保护

本章内容包括新时期畲族服饰制作工艺概观与保护传承途径、新时期畲族服饰制作工艺发展现状与传承问题分析、新时期畲族传统服饰文化与制作工艺活态保护对策研究。

第一节　新时期畲族服饰制作工艺概观

福建省畲族服饰制作工艺是畲族文化不可或缺的重要组成部分，其凤凰装是最为经典的服饰，不管从服装上，还是从头冠、银扁口、绣花鞋等装饰上来说，无不体现了畲族人特有的民族文化特色和生活风俗习惯。畲族服饰不仅仅是一种民族服饰文化，其中蕴含的民族文化内涵、民族工艺价值和民族审美取向等都是不可多得的宝贵财富，因此需要确保其长远发展。

但是现在畲族传统服饰制作工艺的传承却面临着非常大的挑战，需要进一步强化相关传统服饰文化和制作工艺的保护和传承力度。"畲族服饰"项目是第二批国家级非物质文化遗产项目之一，应该重点保护和传承畲族的苎麻织布技艺、青靛染布技艺以及银器制作工艺等，以此来保全中华民族文化多样性不受破坏，将中华传统文化不断发扬光大，从而将这些宝贵的民族财富一代一代地传承下去。

结合国内外传统服饰文化与制作工艺传承途径的比较研究，以下两个案例可供参考学习：

苗族服饰文化作为非物质文化遗产服饰文化项目的重要组成部分，其传承和开发问题也得到了广大研究者的高度关注并有所行动，比如成立专门的苗族服饰印染技艺协会，以此来吸引更多人关注和传承苗族服饰文化；开设有关的苗族服饰制作技艺课程，传授和收集有关的蜡染技艺，并让学生参与到学习实践中，通过不断地创新创造，充分融合传统服饰和现代审美；鼓励民间重新开展各种有关的苗族民俗活动，从而更好地发扬和传承苗族传统文化。

日本传统和服的穿着、制作、购买方式曾一度不适应现代社会的发展步调，但日本国人对传统服饰文化的热爱、和服面料化繁为简的改变、制作技艺手法的发展、购买方式的便利化、旅游纪念的大力宣传、传统表演艺术中对和服的广泛使用，以及和服形象在电视剧、电影、广告等媒体文化中对外界的深远影响力，使得和服在现代社会依旧大放光彩。

第二节　新时期畲族民族服饰制作工艺发展现状与传承问题分析

我国有非常多的非物质文化遗产项目，其中服饰制作和手工艺是不可或缺的重要组成部分，它们技法的精巧、工艺的高超都让世人叹为观止。畲族服饰包含的手工技艺非常广泛，从衣着到盘发、头冠，从下裙到绣花鞋以及琳琅满目的银质饰品等，都无不体现出手工艺者的精湛技术，而且其中所蕴含的民族文化也值得学者深入研究和探求。目前不管是基层民众，还是各种组织对"畲族服饰"非物质文化遗产项目的保护和传承都还有所欠缺，不利于其发扬和创新，也制约着中华传统文化的广泛传播。

一、新时期畲族传统服饰文化概观

在中国五十六个民族中，畲族是存在于中国南方山区的十分有特色的民族，它的居住区横跨浙江、福建、江西、贵州、广东以及几个沿海及内陆省市，福建省的畲族人口较多。明清时期畲族人迁徙至闽东浙南之地，在历史的曲折发展中，畲族与闽越蛮夷各部族间交融互动的关系影响了其原本的发展道路。宁德的金涵村、向阳里村与南山村福安的康厝村和牛山湾村、福鼎的硖门村、霞浦的半月里畲乡以及罗源的竹里村和水口洋村等福建闽东山区地带还保留着较集中的畲族群居地，在福建省东部山区形成了"大范围分散，小范围聚拢"的生存格局。大部分村落也都还保留有各自的传统服饰制作工艺流程以及款式造型，但地区之间存在着些许的差异。

畲族服饰承载着畲族的民族风俗习惯、历史风貌以及传统文化等，因此也被国家列为国家级的非物质文化遗产项目以及省级第二批项目、市级非物质文化遗产项目等。和其他福建省内非物质文化遗产项目相比，畲族服饰项目的保护和传承上还有着自身的优势，其处身于动态的、整体性的以及生态型的畲族文化圈中，并和畲族节日庆典、畲银饰品锻造工艺、苎布织染缝纫技艺、苎布织染缝纫技艺以及畲族民俗歌舞表演等项目相辅相成、互相促进，其优势得以最大限度地开发出来，为其保护和传承创造了非常有利的条件。

二、新时期畲族服饰制作工艺发展现状及其原因

（一）畲族服饰制作工艺的发展现状

由于地域的不同，传统畲族服饰也分为很多种，比较常见的有以下几种：一是霞浦东路式，其裙装多以膝盖以上的短裙为主；二是西路式；三是罗源式样，此类裙子基本上会盖过膝盖；四是福安式样。各个地区的裙子长短不同，主要由当地劳动特质决定：霞浦临海，渔业比较发达，短裙更利于劳作；罗源临山，长裙能够在一定程度上保护劳动者不被荆棘所伤，并避免蚊虫叮咬。

畲族服饰以穿着时间的不同和日常生活习惯的不同又分为两类，一是日常劳作简装，二是节日盛装。以罗源式为例，其简装和盛装的区别非常大，简装基本上不会有任何的工艺性装饰，上衣交叉斜襟，不会加刺绣花纹等装饰。但是盛装则会在衣领、两肩处、袖口处以及前胸等刺绣精美图案。经过改良和创新，现在的畲族女性服饰中还添加了一件白色

衣领的衬衫，以确保衣领的整洁、保护衣领处的刺绣，不过这一改良却使得原有韵味打了折扣。传统服饰的斜襟采用了多种颜色的层层镶嵌勾边，并配以各种各样的刺绣等。一般数量是三、五、七等单数层，层数越多，代表衣主经济条件越优越。

现如今女子现代上装斜襟处发展为只用红白两色缝制，红色代表"红花"，象征女儿；白色代表"白花"，象征男儿，畲族女子以此来祈求生育繁衍的顺遂平安、多子多福。传统上装肩部原本是蝙蝠袖款式，为了适应现代人的穿着理念以及舒适性的考量，制衣师傅们都将蝙蝠袖改制为斜肩剪裁，更加符合人体工学，为的是女性穿着时更加合体。畲族女性的围兜，也可以称作围裙。原本的围裙样式简约单一，没有那么多细致的刺绣纹样，横绑在腰间仅仅是为了避免劳作时上衣或裙装沾染洗不干净的污渍。发展至今，现代畲族女性渐渐也开始重视起围兜的美观性，大大小小工艺繁杂的绣品也出现在了围兜上，靓丽夺目。其刺绣工艺的丰富性与精细程度不输于上装。

由以上服饰特点可见，畲族传统服饰样式的发展变迁可以归结为由俭入奢，并向着多元化、现代化的趋势发展。

（二）畲族服饰制作工艺有所停滞的原因

随着社会的不断发展和进步，外来文化的渗透越来越普及，对畲族传统文化也产生了较大的影响，使其开始边缘化，因此保护和传承其传统服饰也成为一项不容忽视的工作。

1. 历史变迁与其他民族文化的交融渗透　从历史演变上可以看出，畲族与汉族高度融合，甚至畲族文化渐渐被汉族文化同化。凤凰装中的"凤冠"一词最早称作"凤鸟髻"，出自罗源女性的发式，正是采借了汉俗中新娘成婚穿戴的凤冠霞帔，才用"凤冠"一词来表示畲族女性的头饰，这是一个相当明显的文化移植的表现。

福建畲族人在闽西山区中也生活过，当地畲族人保留着许多客家人的生活方式，也借鉴了客家人的传统服饰样式进行衍化变迁。沿海一带的畲族人背靠厦门、漳州、泉州等城镇，他们与闽南人通婚，将"大分散，小聚居"的生活模式改变为聚姓氏族群而生，使得他们的传统服饰制作工艺保留甚少。

在畲乡或畲村中，畲族人的年轻一代越来越重视对汉族文化的学习，但同时也有些忽视对本民族文化的保护，传承畲族传统服饰文化的意识不强。村落里的儿童对畲语了解和掌握不充分，这种情况下，畲族传统服饰的制作技艺无法得到很好的传承；同时，经济的快速发展对畲族传统服饰产生巨大冲击，畲族青年更喜欢穿戴现代时尚服饰。此外，在畲族传统服饰的制作工艺中，布料的纺织、染色及刺绣基本需要纯手工完成，且畲族传统服饰穿戴较为烦琐，使得穿着人群逐渐减少。

2. 民俗活动锐减　畲族各种民俗活动以及婚嫁中都对服饰有特殊的要求，而且不同服饰要求搭配不同的配饰，维系民俗活动的定期举行在一定程度上也是对畲族服饰的传承和发扬。不过随着生活节奏的加快，很多畲族青少年更愿意接受现代化的生活，并逐渐适应城市生活，对传统节日和仪式也越来越忽视。此种情况对很多非物质文化遗产的传承造成了沉重的打击。现在只有一些畲族老人还在坚守着传统服饰，青少年身上基本上很难再找到畲族传统服饰的影子。现在很多畲族人只在一些重要的节日如婚嫁、丧事以及二月二、三月三等着传统服饰，其他时间穿戴和汉族已无多大区别，很多传统的服饰也逐渐被遗忘。青少年对畲族传统服饰文化深含的寓意更是知之甚少。这些现象都导致畲族传统服饰文化传承和发扬的难度不断加大。而且随着民间活动的风气的改变，对畲族传统服饰的需求变得越来越少，也不利于传统服饰的传承和发扬等。

3. 手工技艺的繁复性 服饰制作工艺是一种手工技艺，它是抽象化的，制作出的衣帽鞋袜是具象载体，制作过程的难易程度决定了成品的精美程度。畲族服饰精美非凡，也就意味着手工技艺的难度高超、复杂性大，艺人难以在纯手工制作这条传统之路上保持一贯的初心和恒心，放弃手工制作转而以机器代劳是常有的事，甚至有人直接省去烦琐的步骤，片面追求工时的缩短和利益的增长。以花鞋来说，原本的制作技艺是：将地瓜粉煮成的黏稠浆汁涂刷在鞋底处布条与布条之间，并且进行晾晒。晒干一层，涂刷一层，贴上一层布条，循环往复才能形成鞋底。这种传统的鞋底制作工艺是为了穿花鞋的畲族妇女在劳动时和坐月子时能良好地隔离地面潮湿水气而形成的。然而现在的制作技艺已经完全摈弃了这一步骤，仅剩下单纯地将彩色布条缝制在鞋底部，徒有外表而内涵尽失。手工匠人放弃这样繁复性较高的制作工艺，正说明了传统工艺在人性化传承方面发生了令人扼腕叹息的倒退。

畲族的服饰多采用苎麻布料，并采用蓝靛染剂染色，时间一久就难免出现脱色等情况，且制作工艺复杂、效率低下。自民国以来，随着新型化工染料的不断发展和普及，植物染料也逐渐失去了市场，况且化工染料价格实惠、不易褪色，效果比植物染料更明显，使得蓝靛种植染剂的生存面临着重大的挑战。工艺的发展帮人们提高了制衣效率，但却使得植物染料和畲族传统文化的传承都面临着严重的挑战。

三、新时期畲族服饰保护与传承的困境研究

1. 后继乏人，信心不足 人是畲族传统服饰制作手工艺保护和传承最重要的因素，只有调动人们保护传统手工艺的积极性和热情，才能让传统手工艺得以长久地传承下来。若是缺乏手工艺传人的传承，彩带编织、苎麻布的织染、图案纹样刺绣等都将无法传承和发扬。

2. 材料缺失，自我流变 福建罗源县松山镇的畲族服饰制作工艺国家级非物质文化遗产传承人告诉作者，目前他们对畲族服饰制作做了大量改良，例如直接购买五色丝线代替之前的一针一线的刺绣，并用数码印花和机绣取代之前的手工刺绣等。而这些改良也都是不得已而为之，因为随着社会的进步和工艺的发展，畲族传统服饰需要的原材料无法轻易取得，没有人再种植青靛和苎麻，也无人再纺苎麻线和捻制蚕丝线。

3. 民间力量弱小，自发保护意识淡薄 各个县镇级、村级的民俗馆和博物馆的展示条件比较落后，无法完整、全面地宣传和传承传统服饰。此外，管理跟不上时代发展需求、没有专业的管理人员和团队运作、缺乏足够的维护经费，都是非遗文化保护和传承所面临的重要问题。

4. 研究机构扩展力度不强，学校教育渗透稀少 虽然政府研究机构、高校人文社科科研团队对于畲族传统服饰制作工艺的传承都给予了高度重视和支持，不过却没有收到预期的效果，这是科研机构和科研团队的薄弱所造成的。同时高校专业课程的渗透也没有落实到位，导致非物质文化遗产的传承面临着重大的挑战。

5. 不善用科技力量 借助数字化来传承畲族传统服饰非遗项目获得了一定的成效，

使无形流变转化为有形具象。之前采取的静态保护的方式，使得实体存储量非常之庞大，而数字化不但有效利用了互联网和计算机的便利条件，更是使得非遗项目的普及更加具有效率。但在具体执行上仍有待进一步深化和完善。

第三节　新时期福建畲族传统服饰文化与制作工艺活态保护对策

一、静态保护过渡到活态保护与生态保护

静态保护是指借助文字、图片、录像等能够长期保存的媒介和信息技术，对畲族传统服饰的制作技艺、流程进行记录、编目、分类，建立系统的档案资料，形成系统性的文化留存。但保留下来的实体储存量会相当庞大，是其弱点。然而活态保护需要借由静态保护的基础来达到目的，在原有的文字、图片、录像等信息的基础上进行不同手段和方式的扩展转变，从静态收录慢慢调整为动态存储，发挥活态保护的传承性、应用性、生产性、创新性等。

畲族人久居于山间，开荒辟地，擅长种植适应恶劣自然环境的经济作物——苎麻。苎麻是制作服饰布料的最主要原材料，苎布价格便宜，制成衣裳冬暖夏凉、质量坚固，适合于每日行走于山间进行劳作的劳动人民。蓝靛品质优良，苎麻制成的布料需用蓝靛提取的天然染料进行染织，最终形成青黑色，这也是畲族人服饰的代表色。所以苎麻与蓝靛是传统服饰制作工艺流程中最主要的两种植物原料。畲族服饰中腰带是最具人文情感的配饰，它由畲族妇女自捻自染棉、丝、麻等材质制成的五色线进行编制，因而棉麻、丝线的生产对腰带的制作也尤为关键。

活态保护对策应当从制衣原材料生产地的生态根源保护入手，恢复整顿苎麻、青靛等原料作物的生产耕种，复兴畲乡特殊农作物的生态化环境，抢救原汁原味的手工技艺流程中不可废除的工艺环节。除了苎麻与青靛的恢复性规划种植，还应当争取为畲乡引进现代化养蚕技术，大力生产蚕丝线，恢复五色线的纺织与织制。让畲族传统服饰中的腰带全面依靠对五色蚕丝线、棉线的手工编织完成，改变流于形式的制作方式，还原生动的、富有人文情感的、具有原生态民族文化韵味的腰带文化体系。

二、建设地缘性保护区域

畲族人有许多不同的分支体系，他们随遇而安，到任何一个地方都能够耕猎为生、架茅为居。其服饰往往随着所处的地段改变，此种变迁以合理的形式在传承的过程中形成。福鼎式、霞浦东路式和西路式等子文化都是福建省内畲族服饰制作工艺体系的分支，不同的民族意识和文化内涵都各自存在于不同式样当中。例如，霞浦畲族也被称作"滨海畲族"，霞浦式女性服饰上装的样式特点主要有：在右衽斜角处设置服斗，搭配小立领和小袖口、左右衽大襟，将小面积手工刺绣的亮点布置在一至三组形条装花池上。水波纹、双龙戏珠、鱼虾蟹等与水有关的题材是刺绣的主要图案题材。由于要下海劳动，下裙摆设置在膝盖上方。罗源畲族属于山地居民，女性上装会在领边刺绣，内容多与山区劳动有关，如树木植物、花卉叶片等，有各种颜色式样，十分华丽；

衣服没有立领。夏装主要是绑腿或裤装、过膝裙装，这是为了避免在山间劳作时被草木划伤或被蚊虫叮咬。

落地生存于不同地理环境的畲族人发生了多元性的文化变迁，"滨海畲族""山地畲族""游耕畲族"都属于同宗同源的畲族文化，但各有细微差异，形成了不同的特色风采。活态保护应当利用族群内"求大同存小异"的碰撞与交融，在不同分支的畲族文化内产生内部联系，发展自我地缘特色，开展"百花齐放"而非"闭门造车"的活态保护举措，进行文化交叉，让不同的工艺制作方法融会贯通、取长补短、萃取精华，以扩大传衍内容的广泛性。

三、积极建设数字化保护手段

数字化保护手段的建设则能对逐渐消亡的非遗项目进行积极的保护。美国科学基金启动的"数字图书馆计划"、法国实行的"文化遗产数字化"、德国实施的"欧洲文化遗产网络"、埃及打造出的"永恒的埃及"历史文化遗产数字项目、日本的"全球数字博物馆计划"等，这些全球范围内的数字化文化遗产保护案例都在大步流星地推进着非遗文化的保护工作。中国是非物质文化遗产大国，福建省已有多个各级各类非遗项目，国内的研究技术与数字化的文化建设水平应相应提高，科技渗透活态保护的力量应稳步上升，以跟随国际数字化进程脚步。

科技手段在视觉展现上的作用经历了多个阶段，从采集数字化原始物料、制作并留存视频到沉浸式体验的达成，这一过程离不开 VR（虚拟现实）、AR（增强现实）、MR（混合现实）、3D 和 4D。民族服饰制作手工技艺是"只可意会言传，不可实体保留"的，数字科技将这一技艺完美地展现给了大众，体验者能够在熟悉设备的前提下灵活地体验刺绣绣品缝制的一针一线、编织技艺和敲打工艺。体验者能够于潜移默化之中在自己的文化内涵中植入畲族传统服饰的制作技艺，此种植入存在于体验者的思维、行动和感官之中，从而使大众的审美体验能够在数字化活态保护手段的使用下突飞猛进。畲族服饰积聚了畲族人的智慧与汗水，它们不仅仅只存在于橱窗之中，还会通过数字化的应用积极地与体验者互动，使得受众的体验感倍增，在趣味之中学习，对于中华民族传统文化的自豪感与自信心得到增强。

四、建设合理的传承人

合理的传承人梯队建设应当来源于邀请国家或省市非物质文化遗产项目的代表性传承人开展培训演讲类活动，传授无形流变的手工制作技艺，冲破"子承父业、师徒相传"的传统模式，剥去手工艺传承的神秘外衣，向外界扩大意向传承人。应有目的地收纳中青年人群，完善传承人"金字塔"的数量与结构。传承人梯队的建设还可以与高校教师的继续教育产生联动，针对畲族服饰文化相关产业专业的教师进行授课与实践。例如 2018 年 7月，由福建省文化厅举办的"中国非物质文化遗产传承人群研修研习培训计划"福建第三期"福建民族民间服饰培训班"，吸引了福建省内一大批高校艺术类服装专业相关教师前来学习。国家级相关代表项目的非遗传承人亲身向福建省内多所高校的教师们传授手工技艺，并且进行现场实践演练，使中青年教师收益甚丰。

五、正确利用现代化设备

人们看待手工艺制作时，应当保持发展的眼光；一方面，可以采用机器刺绣来替代手工刺绣缩短制造的时长，从而使成衣产出效率提高，出产成衣的数量也能够增加，使畲族传统服饰获得越来越多的受众。另一方面，也不应当过于依赖现代化科技和现代工艺，应当适度应用。例如，蓝靛的晕染效果如果被工业染料所替代，相关的手工技艺就可能会逐渐消亡，因此应当谨慎对待现代化工艺和现代化设备的使用。

六、形成畲族非物质文化遗产项目生态圈

自公布国家级第一批非物质文化遗产项目以来，各级各类的畲族文化立项纷纷接踵而来，项目内容包罗万象，涉及畲族文化中的民间文学工艺、音乐舞蹈、劳动生活、节日庆典等各个方面，畲族文化有了建设自身非遗生态圈的良好基础。这意味着畲族传统服饰的活态保护可以适当地避免"单打独斗"；背靠着畲族民俗文化的广泛传播趋势，与其他畲族非遗项目联动，发展成保护圈，对彼此都大有裨益。在组团挖掘各级非物质文化遗产项目的大框架下，应发展畲乡节日与旅游、手工技艺的实践创新与应用，建立高品质畲族人文化圈。应有目的地培育特色的传统服饰手工艺制作产业，抢抓乡村振兴战略新机遇，聚焦产业、人才、文化、生态、组织，围绕非遗项目的综合性非遗生态圈进行活态运用，为畲乡领域的高质量发展注入经过文化组团调整后的全新动能。

针对福建畲族传统服饰文化与制作工艺在传承中"无形""流变"的特点，活态保护的对策模式"对症下药"，改变长期以来畲族服饰制作工艺难以"走出去"、难以大发展的局面。应合理利用畲族传统服饰手工艺制作的资源，建设"百花齐放、百家争鸣"的地缘性区域保护，重视扩大传承人基础面，形成综合治理的畲族非物质文化遗产生态圈，进行文化生态产业的开发并建立交流平台，增强科教文化力量，运用"活水长流"的整治方法，一起为畲族服饰非遗项目的活态保护工作树立新标杆。

第八章　新时期畲族服饰文化传承与创新发展路径

第一节　畲族民族服饰中传统元素的文化内涵及其应用探析

将传统元素与现代工艺相结合，创造出既具有民族特色、又符合现代审美的服饰，为现代服装设计创新提供灵感来源的同时，也促进了畲族传统服饰文化的传承和发展。

一、畲族服饰中传统元素的应用

（一）畲族服饰中传统元素的应用现状

畲族人在地理位置上大多分布在较为偏僻的地区，加上畲族人对自身的服饰文化少有研究，导致畲族的传统服饰在一千多年的演变历史上未受到外界生活节奏、文化等的融合，极大程度地保持了原生的状态。最近几年，随着经济的快速发展，畲族人已经意识到本民族文化保护的重要性，开始了对民族传统文化的保护和传承。

现代设计师也开始借鉴畲族传统服饰的颜色构成、图案轮廓等，将它们与现代服装的流行文化和设计技巧相结合，试图找到把畲族服饰元素加入现代设计中的多种可能。

在应用现代服饰设计技巧和技术的基础上，应结合畲族服饰传统文化留下来的宝贵颜色构成和图案元素进行整合创新，重新赋予其与时俱进的时代精神，创作出能代表传统情感和新时代设计理性的新作品。图案的设计和制作，既要保留畲族传统文化的优秀元素和精神传承，又要符合现代服饰的制作方式和现代的审美要求，从理念到实践，从设想到完成，证实设计的合理性、完整性和可行性。面对现代科技高速发展和机械化大批量高效生产得以实现的现实情况，既要保持传统文化的传承，又要追求现代技术带来的高效、简洁、低成本的竞争力。

（二）畲族服饰传统元素的应用与创新

1. 图案元素的运用与创新　图案元素不仅是非常常见的装饰样式，更是十分重要的设计语言，畲族文化中有一个非常重要的图案元素，那便是凤凰。它作为畲族的图腾，同时运用了具体与抽象两种方式，相互交融、穿插。除了凤凰，花草也是非常受畲族人喜爱的元素，精美的花草设计不仅增加了衣服裙子整体的设计感，更是让美观效果更上一层楼。当然，花草设计元素的诞生也都寄托了设计人员向往自然的心理。紧凑的小图案和大图案交相使用，可以使整体服饰更加协调，同时增强视觉冲击力，与传统元素相得益彰。各传统元素之间的相互交错组合，可以展现出不同的设计理念；局部传统元素的使用增加了服装的样式，同时使得整体元素设计更为灵活以及多样化。

2. 畲族传统图案和现代设计的配色　传统的畲族服饰颜色多样，高纯度颜色随意组合形成了具有特色的彩虹色。因为畲族人久居深山、贴近自然，自然界的所有元素都成为民族服饰元素的灵感源泉，高纯度的亮色、暖色给畲族人提供了生机勃勃和温暖祥和的精神感觉，青蓝两色搭配明快的颜色和图案装饰，使畲族服饰整体效果醒目、跳跃，赏心悦目。这种服饰配色也与现代服饰追求个性化的颜色搭配和细节的特性达成一致。

现代服饰的设计效果是品牌在市场上最重要的竞争力，要想在竞争如此激烈的市场中脱颖而出，企业必须在设计开发的环节增加投入，挖掘传统服饰中的元素进行再创作，增加企业产品的商业价值，不仅增强服饰的外在美观性，还要使服饰富有传统文化内涵，相辅相成、互相促进。畲族服饰传统元素中的凤凰图腾、富于个性的不规则几何图形、特殊的文字、生动的变形花卉草木图案与充满活力和想象的动物图案都有很高的应用价值，可以满足众多消费群体的审美需求，赋予产品更大的商业价值。

现代服饰每年推出的流行色，是服装设计和消费市场普遍认可的具有倾向性的颜色，是以自然空间和人类的现代需要为主题而使用的色彩。畲族传统元素则一直受特有的传承美学影响、遵循自然规律，与现代已经流行并推崇的流行色有不小的差异。将两者进行统一结合搭配出新的设计是非常值得尝试的。用现代社会定义并推崇的流行色来替代畲族固有的颜色搭配图案的底色，是一个非常值得尝试的设计思路。

3. 畲族服饰和现代设计的工艺手法　畲族服饰在使用传统手艺的同时，也可以结合当代文化背景，让传统的刺绣与编织结合现代文化，展现出更多的色彩与样式，适应现代人对于传统服饰的审美，并且更加多样化与创新化。

随着现代化的发展，生产技术以及工艺也在不断创新，这一发展大大增加了服饰市场的需求。当然制造业的发展也使得畲族服饰得到很大的推广，让畲族传统元素走进各国，增加了各国对于畲族文化的关注度，使得畲族的旅游、文化等得以快速发展，而第三产业发展的同时也使畲族传统服饰与文化得以更好地传播。

二、畲族服饰传统文化元素的前景与保护

我国各民族都有自己悠久的历史，不同民族的民俗和传统艺术各异，民族传统服饰是对这些形式各异的民俗与艺术的浓缩体现。在现代服饰制作中，将传统的民族元素进行挖掘再创造、发扬光大是设计师考虑的主要方向之一，其中可挖掘利用的设计灵感数不胜数。设计师应该在现代服饰面料、结构、造型的基础上，避免对传统民俗的混淆抄袭和对民俗文化的滥用，在借鉴畲族服饰特色文化元素的同时，展示出少数民族独特的精神和现代特征，反映民族思想和深层的人文关怀，设计出优秀的民族风服饰作品，弘扬传承民族文化。

畲族传统图案颜色的题材在服饰设计中具有适用性和实用性，比如备受畲族人崇敬的凤凰图样就与中华传统民族文化艺术不谋而合，现代人对这些元素耳熟能详并欣赏接受。

我国服饰市场的特点是多元化的时尚互相融合，使我国的服饰设计没有自己独特的鲜明风格，反倒是西方的设计风格流行趋势对我国设计理念影响很大。应该在接受外部先进理念的同时，发展我国传承下来的服饰历史元素。20世纪初，欧洲服饰设计从东方文化中得到了灵感，跳出了传统思维的束缚，设计出融合了东方元素的独特风格。当今中国服饰设计也符合了复古风格的流行趋势，应该抓住这个契机，将畲族的传统图案元素与现代设计相结合，创造出独特的体现东方民族文化的服饰图案。

畲族的传统文化以及服饰等想要得到更好的发展，就需要将现代文化和设计思维融入进去，两者相互结合，增加畲族传统服饰对于当代社会的适应性，拓宽传统的思维模式，让当代畲族服饰展现出独特的中国文化底蕴。将畲族的传统服饰与现代服饰相互结合，更能碰撞出更多的设计灵感，同时增强畲族文化与传统服饰的可传承性。

第二节　畲族民族传统服饰元素在现代服装设计中的应用探索

一、现代民族风格服装设计现状

民族的即是世界的。当下具有民族风格的服装品牌已经成为时装界的主流之一，而丰富的民族元素也为设计师们提供了源源不断的灵感。据市场反馈的信息可知，具有民族风格的服饰产品更具有认同感和个性，它所承载的不仅仅是产品本身，更多的是其中所蕴含的民族文化和人类文明的积淀。

（一）民族传统元素在现代服装设计中的应用

民族风的服装品牌在挖掘和传承传统服饰文化的同时，结合市场消费者的审美观和价值观，更加注重品牌差异化、个性化方面的优化和提升。事实表明，从民族风格着手更容易促成品牌的认同感。

民族传统元素在现代服装设计中的应用主要表现为三点：第一，服装的整体廓形多采用当下流行的款式廓形，通常以立体裁剪的形式呈现；第二，在服饰图案上大力挖掘传统元素，通过设计师们的二次设计，重新组合形成新的表现形式，打破以往传统图案装饰点的固定规则，使其整体更为主次分明，不再单调呆板，更加符合当下消费者的审美取向；第三，色彩上受到流行色的影响，与具有民族认同感的代表色相结合，设计出更具特色的服饰色彩。

（二）畲族元素应用在现代服装设计中的现状

当下针对畲族服饰的设计主要体现在对传统服饰的简化改造上，还未真正对畲族元素进行系统的开发应用。目前仅表现为舞台表演服、旅游区工作服等，而甚少用于现代时装设计。尽管现代设计中，辅料种类丰富，但在设计应用上常常被模式化、表象化，这种生搬硬套的做法使得服装整体造型生硬并缺乏灵魂，无法真正呈现畲族服饰文化的精髓，也不符合现代人的审美需求。

二、畲族传统服饰元素在现代服装设计中的应用

畲族是一个古老的少数民族，其传统服饰文化具有较高的研究价值。通过对畲族传统

服饰的田间调查和分析，我们发现虽然畲族民众深居山林之中，服饰元素中的题材也大多来源于当地自然界和日常生活中的花鸟鱼虫、动植物等，但这些丰富多彩的服饰元素与现代时尚审美形式有很多共性，同时，也存在与当下主流文化不同的个性因素。对于设计师来说，如何从这些优秀的传统服饰文化中获取灵感、提取设计元素，创作出符合市场需求的现代民族风时装，是值得研究的重点。

（一）畲族服装款式结构与廓形的应用

畲族服饰的整体造型与设计充满年代感，设计师往往会将传统文化中的传统服饰元素与现代品牌风格相融合，将整体造型与轮廓相互划分设计，使服装既包含传统元素又切合现代人的穿衣理念，从而受到欢迎。对于传统元素的应用，每位设计师都有独特的理念，部分设计师喜欢使用畲族服饰中的织带设计，利用织带的点缀使得整体造型更加灵动，增加服装特点；还有的设计师侧重于采用畲族服饰中的拦腰，通过与裙子搭配，使服装样式更加多样化。

（二）畲族传统服饰元素在现代服装创作中的应用

将畲族服饰元素放在当代服装设计中属于抄袭吗？显然不算，现代服饰设计文化并不单纯对传统文化进行滥用或者照抄，更多的是对传统服饰设计的借鉴与改进。通过合理应用畲族服饰中的各种设计单元，加上现代设计师的设计理念，创造出的流行服饰元素更加符合现代人的追求。比如说"畲计"，针对这一系列时装，设计师应用畲族服饰中的各种色彩与轮廓，搭配现代设计剪裁，将传统与现代完美融合，使"畲计"既符合现代人的审美要求，又充满艺术感与视觉冲击力（图8-1）。民族风服饰既满足了当代人对于时尚的追求，又加强了人们对于民族文化的认知，开拓了传统文化的发展之路，提高了服饰设计

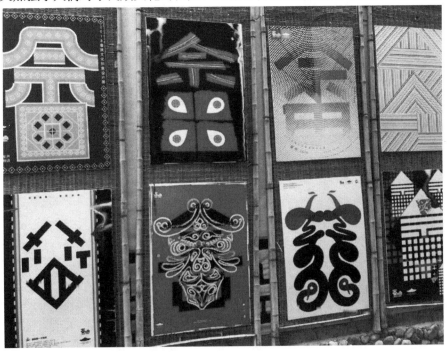

图8-1　"畲计"系列设计

的价值，同时增强了人们的民族荣誉感与自信心，更为我国服饰的发展开辟出更多途径。

1. 传统畲族图案纹样在现代服装设计中的应用　"畲计"系列服装作品对畲族的"畲"字和图腾中的凤凰、牡丹等传统元素加以变化设计，形成具有强烈现代装饰性的民族图案，并以这个图案贯穿整个创作过程，把民族文化融入现代化的服装设计中。

2. 传统畲族色彩元素在现代服装设计中的应用　"畲计"系列服装作品在色彩搭配上，选用畲族崇尚的黑色，结合流行趋势，适当提高明度、降低纯度，形成色调淡雅干净的灰色系，加之以畲族独特的服装结构线和分割线作为装饰，运用挺括中不失柔软、朴实中不失时尚的面料来表达，设计简单硬朗的廓形效果。采用贴布绣的手法处理二次设计的民族图案，使服装主题更加明确。另外结合纹理的细节处理来增加服装古典的韵味，达到既有特色又不失时尚的目的，进而形成一系列具有市场潜力的民族风时装。

3. 传统畲族面料工艺在现代服装设计中的应用　借鉴畲族传统裙褶制作手法，选用当下流行的斜纹麂皮绒面料，通过压褶、拼贴、缝线等工艺重塑面料可视肌理，创造独特的面料纹路，使整个系列服装的立体感表现得淋漓尽致。辅料选用黑色网纱和具有民族特色的织带。服装整体造型上拼接的运用与网纱面料相互叠加，平面与立体相得益彰，塑造一种别样的民族服饰文化风格。

4. 传统畲族服装结构形制在现代服装设计中的应用　通过借鉴畲族传统服装的结构形制，结合当下流行的服装款式廓形，推出以 O 形和 H 形为主的服装廓形，给人以舒适、自然、放松之感。其中压褶面料增强了服装造型的挺括感，图案拼贴、面料叠加、织带装饰等手工艺丰富了服装的视觉美感，还有一些不对称的设计让服装更有特点、造型独特。这些设计使得整体服装廓形将畲族传统服装结构形制基本形态和当下流行廓形融为一体，从而创造出适合消费者审美观的民族风时装。

第三节　畲族典型服饰元素在旅游服饰纪念品中的创新设计

畲族旅游服饰纪念品是指具有畲族少数民族服饰文化特征的可销售的服饰类的旅游产品，它对畲族民族典型服饰元素在旅游服饰纪念品中的创新发展有着重要意义。畲族旅游品的分类大致分为两部分：服装、服装配饰类与其他类旅游产品。服装类包含纪念性服装（例如舞台装）和实用性服装（例如短袖 T 恤）；服装配饰类包含银饰品类（头饰、耳饰、项圈、项链、手镯等）（图 8-2）、服饰包包类（挎包、单肩包、双肩包、零钱包等）（图 8-3）、服饰鞋类（手工刺绣花鞋、帆布鞋、拖鞋等）、服饰围脖类（丝巾、围巾、方巾、手绢等）、服饰帽子类、服饰工艺品类（手工编织彩带、腰带、发带等）与其他畲族纪念品；享有"中国扶贫第一村"称号的赤溪村，也创造了有自己特色的"哈哥哈妹"文创形象，并生产了衍生的旅游纪念品（图 8-4）；其他类旅游产品例如畲族元素的抱枕与水杯等（图 8-5）。

一、畲族服饰旅游纪念品的基本属性

畲族服饰旅游品既要满足旅游产品的一般属性，又要满足本民族旅游产品的特殊属

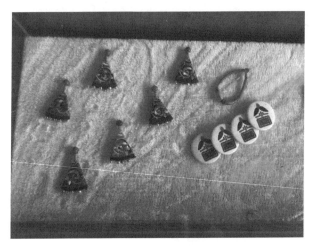

图 8-2　畲族服饰品

图 8-3　畲族元素零钱包等

图 8-4　赤溪村畲族文创纪念品

性。具体来讲，其既应该满足消费者的消费需求，又要肩负起传承、发扬民族优秀传统服

图 8-5 畲族旅游纪念品（水杯与抱枕）

饰文化的责任。综上所述，畲族服饰旅游产品应当具备以下特征：

1. 纪念性 所谓纪念性即指旅游产品应具备畲族民族特色，能够反映畲族服饰文化，同时还要能够满足游客的消费需求。纪念性是民族旅游产品的基本特征。

2. 实用性 所谓实用性是指旅游产品要集观赏价值与实用价值为一体。旅游产品是畲族传统服饰文化的结晶，因此实用性十分重要。游客购买旅游产品并带回家后，其不仅发挥着观赏价值，更重要的是要在使用过程中让游客联想到畲族传统文化及习俗。所以实用性对于传承畲族传统文化有重要作用。

3. 地域性 地域性是畲族服饰旅游产品的又一重要特征。受长期迁徙的影响，畲族传统服饰文化具有较强的地域性，不同地域间的服饰差别较大。因此畲族服饰旅游产品也具有极强的地域性。

4. 审美性 审美性是畲族服饰旅游产品的重要特征，主要体现在色彩和外形两大方面。审美性要求畲族服饰旅游产品在色彩和外形上必须满足大多数游客的审美标准，能够给消费者带来感官享受。

二、畲族服饰元素在服饰旅游纪念品中的表现形式

1. 服装造型及其表现 服装造型在畲族服饰旅游产品中的应用十分广泛，以"厂"字形门襟为例，该元素极具民族特色，因此为提高旅游产品的纪念价值，众多的服饰旅游产品——以畲族服饰到包包等配饰中都运用了这一造型元素。但不同的是，旅游产品的服饰面料并未采用传统的棉麻面料，制作工艺也和传统畲族服饰有一定差别。为了更加贴合身体，服饰旅游产品还以装袖代替了套袖。

2. 纹样图案及其表现 这一服饰元素在服饰旅游产品中运用最多，几乎每一件服饰旅游产品都会用畲族传统服饰纹样及图案作为装饰。仿照畲族传统服饰，旅游产品也会在袖口、领口等部位纹绣上精美的图案。一般而言，常用的纹样有几何形状、文字符号以及一些有美好寓意的事物如凤凰等（图8-6）。

图8-6 畲族服饰凤凰纹样

3. 彩带及其表现 彩带是畲族人日常生活和劳作中必不可少的用品，用途较多。不仅如此，其还可以当作男女间的定情信物。在古代，彩带多为手工绣制，所以彩带的精致程度成为当时评价畲族女性是否心灵手巧的重要依据。这种民族传统流传至今，甚至被广泛运用于服饰旅游产品中。其既可以作为服装上的装饰，也可以作为包包上的装饰，还可以作为花鞋上的装饰，用途广泛。同时，彩带也可以单独当作旅游产品出售。

三、畲族典型服饰元素在服饰旅游品设计中的原则

（一）满足旅游者多元化需求

随着经济水平的提升，游客对精神享受的追求已经慢慢盖过对旅游产品外观及功能的追求。为满足游客需求，需要全方位、多元化地开发旅游产品，打造个性化的旅游产品。应借助畲族独特的文化习俗和民族烙印，再加上丰富多彩的畲族服饰元素，使得每一件畲族服饰旅游产品都独具特色，能够满足旅游消费者的精神需求。同时，针对不同层次的游客推出多元化的设计方案，以满足不同消费群体的需求。设计师创新传统畲族元素并将其作用于文化衫、帽子、包包等旅游产品中，使得旅游产品特色化（图8-7）。

（二）满足服饰旅游产品的个性化设计趋势

对旅游产品个性化的追求是大多数旅游消费者的消费需求。这种现象在年轻消费群体中尤为突出，他们注重旅游产品的个性化、时尚化，希望通过旅游产品来凸显自己的身份

图 8-7　含畲族文化设计元素的文化衫

及品味。面对此类消费群体，应顺应服饰旅游产品的个性化设计趋势，通过视觉上的冲击加上丰富的色彩和图案，满足年轻消费者追求时尚、新鲜的需求。

（三）提高畲族服饰文化的社会认知度

中国少数民族文化有其独特的魅力，深深的民族烙印加上别具风格的民族特色使其社会认知度日益加深。作为我国非物质文化遗产的重要代表，畲族服饰体现了中国少数民族文化的博大精深。服饰作为畲族传统文化的象征，具有一定的品牌效应。将畲族传统服饰文化及经典服饰元素融入旅游产品中，能够提升旅游产品自身的文化价值及产品附加值，同时，畲族服饰文化的社会认知度也会得到提升，这是一个双赢的举措。在这一方面，故宫提供了很好的范例。故宫曾推出一款旅游产品——故宫猫脸双肩包，其巧妙地将故宫标识与可爱的卡通形象融合，并通过双肩包的形式予以呈现，使得该款旅游产品的代表性和辨识度都极高。这一成功的范例也值得畲族服饰旅游产品借鉴。设计师应思考如何将经典的、独具民族特色的服饰元素与旅游消费者喜闻乐见的事物相结合，提升旅游产品的品牌辨识度。

四、畲族传统元素在服饰旅游品中的设计方法

（一）畲族服饰旅游品中的传承设计

在国家统一划分的畲族自治县，对畲族传统服饰文化的传承一直是被提倡和推广的。

有许多畲族服饰元素都独具民族特色，如头饰、彩带、拦腰等，除此以外，彩带的编织工艺以及"凤凰冠"头饰这些最具代表力的服饰元素都应该被广泛运用于旅游产品中。从畲族服饰旅游产品的开发现状分析，目前畲族服饰旅游产品的价格还是较为合理的，但仍存在种类较少、设计较为单一、产品创新程度不够等问题。这些亟待解决的问题需要设计师们认真思考，在传承畲族传统服饰文化的基础上提升畲族服饰旅游产品的品牌力，设计出集实用性、纪念性等于一体的文创产品。

传承畲族经典的服饰文化，可以从畲族服饰元素的传承和畲族传统手工艺的传承两方面入手。畲族服饰元素的传承，可以将典型服饰元素与现代旅游消费者的消费需求相结合，设计出符合现代游客审美标准的样式、色彩，并将这些素材运用到旅游产品中，在传承中创新。以畲族经典纹样——凤凰纹样为例，可以将其作为素材，利用现代数码印花技术呈现在旅游产品中，从而提升服饰旅游产品的文化价值。传统手工艺的传承，可以通过体验式旅游、展览馆展示等方式实现。以彩带编织工艺为例，可以建立彩带编织体验馆，让游客亲身体会彩带编织的流程；也可以建立彩带编织工艺展览馆，让游客直观地感受彩带编织的步骤。同时，还可以将彩带编织工艺与一些旅游产品如腰带、裤带等相结合，作为馈赠亲友的纪念品。这种方式不仅能够提升旅游对畲族传统手工艺的认同度，还能促进当地彩带编织业的发展，可谓一举两得。

除了内涵设计，旅游产品的外观设计也十分重要。因此，其包装应充分体现畲族传统服饰文化。旅游产品的外观同样是畲族服饰文化传承的载体，很多旅游产品用于馈赠亲友，其外包装成为有力的宣传工具。因此，设计师应该从产品形态、性能、结构等方面考虑，将经典的服饰元素融入外观设计并开展一定的创新。在保证旅游产品方便携带的前提下，尽量提升旅游产品的宣传性和代表性。

（二）畲族元素在服饰旅游品中的改良设计

部分旅游产品在设计方案、面料材质、编织工艺等方面存在一定的问题，为了提高这些产品的社会认知度和社会宣传力，需要对它们做出改良。应对不符合大众审美需求、不能代表畲族服饰文化以及面料和制作工艺不过关的产品做出一定的改良，以确保生产出的旅游产品能够充分体现畲族服饰文化传统，能树立良好的品牌形象，从而实现对畲族经典服饰元素的传承。

所谓服饰旅游产品的题材要素即指该旅游产品属于何种类型，并依据此区分该旅游产品属于服饰还是配饰；所谓形象设计要素是指旅游产品的外观设计；功能设计主要是指旅游产品的性能；材料是指旅游产品的材质；工艺是指旅游产品的制作方法；改良设计是指在保证其他服饰元素不变的基础上，改良产品的某一要素以提升产品的品质。

方法一：将现代化服饰元素与传统工艺、材质等要素相融合，赋予传统服饰元素以时尚感。

方法二：将现代化的科学技术手段与传统的材质、工艺等相结合。通过旅游产品优化设计，提升旅游产品的审美性及实用性。

服饰旅游产品设计者要能根据社会经济发展趋势及消费者需求不断优化旅游产品的外观、性能等，加强创新力度，创造出迎合消费者需求的旅游产品。同时，还应该不断地提升旅游产品的文化价值及附加值。

（三）畲族服饰旅游品的创新设计

　　旅游产品作为服饰文化的载体，不仅能够传承畲族传统服饰文化，也能够给旅游景区带来一定的经济效益。因此，旅游产品的创新尤为重要。设计师应从旅游产品外观的创新、性能的创新、材料的创新等方面入手，力求实现旅游产品实用性、审美性与创新性的统一。只有不停地创新，才能够使旅游产品迎合大众需求、适应市场发展，从而为旅游产品带来更大的生存空间及更强的竞争力。畲族服饰文化中有众多可以创新的元素，设计师可采取主题列举组合法，将众多的服饰元素两两组合并作出一定的优化，不断创新出更多、更具特色的旅游产品。

　　随着旅游市场的不断开发，各式各样的旅游产品层出不穷。因此，为提高旅游产品的市场竞争力，可将多媒体技术等高科技运用于旅游产品的开发上。以 AR 技术在旅游市场的应用为例，此种将虚拟与现实结合的技术，不仅还原了畲族真实的生活情景，也增强了游客的旅游体验感，使其对畲族服饰文化有了更深入的了解。除了 AR 技术，互联网销售这一创新型销售模式在提升畲族服饰旅游产品附加值的同时，也增加了旅游产品的销售额度。

图 8-8　畲族元素的包

　　除了各种类型的服饰旅游产品外，畲族传统的彩带编织工艺也是畲族服饰文化的重要表现。不管是旅游产品还是传统工艺，都是畲族传统服饰文化的表现形式（图 8-8）。因此，应充分发挥其市场潜力，提高其经济效益。旅游产品设计者应最大限度地传承和发扬畲族优秀传统服饰文化，将传统技艺与现代技术相结合，不断创新出优秀的旅游产品，以提高市场竞争力。

第四节　畲族传统服饰数字化传承与保护

　　畲族传统服饰作为国家级非物质文化遗产，是畲族文化的精髓，具有重要的历史文化意义与艺术研究价值。随着现代化的推进，以及外来文化的冲击，畲族传统服饰保护与传承工作日益重要。可以从畲族传统服饰数字化保护的角度进行剖析，充分运用数字媒体技术、虚拟现实技术以及人机交互等技术手段，进行福建畲族传统服饰数字化保护形式的设计与构思，为畲族传统服饰文化的展示宣传、保护研究和传承发展提供一个新的平台。

一、畲族传统服饰数字化保护的路径

　　畲族是一个典型的"大分散、小聚居"且依山而居的少数民族，传统的博物馆或民俗

馆展示手段已无法满足观众了解畲族文化的需求。为了让更多的人了解畲族服饰文化，需要依托当前先进的数字技术进行展示与宣传，使畲族传统文化得到更广泛的传播，这样畲族传统服饰才能更好地生存与发展。

近年来，人们逐渐意识到民族文化的保护与传承对于一个民族的持续发展尤为重要，国家和政府也加大了对畲族传统文化的保护。畲乡、畲村的民族特色再一次引起广泛关注，畲族文化的影响力逐渐扩大，畲族传统服饰也随之被更多人了解。如何有效地对其进行保护与传承是目前亟须解决的问题。

（一）畲族传统服饰的传承与保护的必要性

畲族的传统服饰随着畲族历史变迁逐渐衍化，它包含着畲族人的人文文化、风土人情以及审美设计，蕴含着畲族人智慧的结晶。伴随着整体文化的飞速发展，畲族人的生活变得越来越好，同时对自己的传统服饰文化有了更深的情感，传统服饰逐渐成为畲族文化的典型代表。畲族服饰包含着畲族的整体社会文化与人文风俗，尤其蕴含着独特的设计与魅力，在各民族服饰之中占据重要的地位。畲族服饰文化的传播带动了畲族整体的文化发展与革新，增强了畲族人的民族凝聚力和民族认同感。畲族的传统服饰独具魅力，其设计有着特点和色彩纹路，整体的服饰设计寄托着畲族人的风土人情和审美认识以及文化传承。目前汉族服饰将畲族服饰取而代之的现象逐渐出现，畲族服饰设计以及服饰文化逐渐缺失。面对此种状况，人们需要运用先进的数字技术保护与传承畲族服饰设计以及服饰文化，使其得以发展与革新。

（二）畲族传统服饰数字化保护的可行性分析

随着畲族文化的逐渐缺失，当代人们需要采取更多保护手段来保证其传承，数字技术以及人机交互的飞速发展为传承提供了更多的途径与可行性。畲族传统服饰的展示不仅仅局限于博物馆，还可以采用虚拟现实、多媒体教程以及虚拟体验和数字博物馆等方式来多方位展示。数字化技术发展非常迅速，多种多样的数字化形式为保护传统文化遗传提供了各种可能，使得传统文化保护走进人们的日常生活，社会生活文化得以丰富。当然，数字化技术展示也使得更多传统文化爱好者更容易了解传统文化的根本，通过不同的方式去认识畲族服饰，对畲族服饰文化传播起到促进作用。

二、畲族传统服饰数字化保护形式设计和构思

（一）互动多媒体

互动也称"交互"，"互动多媒体"是使用计算机交互式综合技术和数字通信网络技术处理多种媒体文本、图形、图像、视频和声音，使多种信息建立逻辑联系，构建形成一个交互系统，并通过交互系统完成"人与物"拟人化的交流。互动多媒体展示主要有三维动画、全景漫游、数字展厅等形式。

1. 三维动画 三维动画也称为3D动画，通过三维动画进行畲族传统服饰展示，增加了展示的趣味性和生动性。在这个虚拟的三维世界中，可以根据不同畲族传统服饰的文化内涵和穿着时间进行故事情节的设计，服装的颜色与纹样、角色的设定、所在场景等都可以根据畲族服饰文化背景进行选择。如福建地区的畲族女儿出嫁时需要穿着凤凰装、头戴凤凰冠、脚穿单鼻鞋。畲族嫁女的故事可通过三维动画的形式进行展现，在动画中着重突

出凤凰装、凤凰冠以及单鼻鞋的制作过程，在展示畲族传统服饰同时也让人们感受到畲族人婚嫁时的风俗人情和民族特色。

2. 全景漫游　全景漫游展示形式以其强烈的沉浸感和先进的交互性，为畲族传统服饰展示提供了新的可能。将全景漫游展示形式运用到畲族传统服饰展示设计中，能够增加真实感。取景时，可在福建畲族乡或畲族村进行畲族服饰的拍摄，如在畲族的传统节日"三月三"当天，畲族妇女会穿着畲族传统服饰制作传统美食乌米饭，该场景就可以运用全景漫游的方式进行全方位拍摄，既能很好地展示生活中的传统服饰，又可以让更多人了解畲族民俗文化。全景漫游展示形式相较于运用三维建模技术制作的模型和场景更具真实性，给参观者带来身临其境的感受；如果再配备虚拟现实眼镜、体感设备等，在欣赏畲族传统服饰时，人机交互的体验感会更加强烈。运用全景漫游展示畲族传统服饰，可以把服饰图像依托互联网嵌入到页面内，完成三维空间图画的播映，使观众能够通过网络进行欣赏与认知。

3. 数字展厅　数字展厅利用多媒体技术，将360°全景展示、视频、声音、图片等集中表现在所展示的服饰文物上。运用数字展厅形式可以实现前所未有的视觉传达与交融互动体验，使参观者很好地融入数字展厅的展示内容之中。此形式比较适合展示畲族大型活动。如"二月二"又称为会亲节，是畲族仅次于春节的传统节日，这一天畲族人会身着盛装回到祖地会亲。通过数字展厅的形式对"二月二"节日风俗进行展示，参观者在观赏畲族有趣的节日活动的同时，能更好地欣赏畲族服饰的动态美。

（二）虚拟博物馆

伴随着互联网以及三维虚拟现实和数字展示的发展，虚拟博物馆也逐渐形成。想要通过虚拟博物馆全方位地展示畲族文化，需要明确主题和相关内容。在确定主题时，可以通过引导用户进入角色，运用情景化效果完成展示。当然，也可以通过虚拟现实构造人机交互的虚拟博物馆来供客户体验，如此可以更直观地让客户了解服饰文化。虚拟博物馆所展示的情景相对比较广阔，既可以以现实中的畲族文化为依据，也可以展示原有的畲族文化古迹，或者是结合用户需求进行展示。用户在虚拟博物馆中占据主导位置，可以根据自己的喜好及需求选择参观不同的服饰文化，多样化的参观更能维持用户的新颖感以及主导性。

虚拟博物馆的展示形式丰富了人们的情感体验。虚拟现实技术可营造出畲族传统服饰展示所需的不同年代、不同样式的情景，通过不同场景的衬托使服饰更加鲜活，让服饰文化与民族风俗融为一体，为畲族服饰文化的展示与传播提供快速、仿真的视觉平台，丰富参观者的精神及情感世界。虚拟博物馆从"以物为主"的传统展示变为"以人为主"的参与展示，把视觉、听觉以及触觉融为一体，极大地丰富了畲族传统服饰的展示形式，从而呈现出多层次、立体化的格调，体现出虚拟博物馆人性化的设计优势。

（三）移动终端 App

随着智能手机的更新，移动终端，App 应用软件越来越被广泛应用，App 软件与更新后的移动终端相互融合作用可以展现出更多新功能。通过智能手机的交互作用来展示畲族服饰文化可以使内容更加全面，增加相应的触感工具还可以实现实体化的效果。如今智能手机和电脑在生活中被大量使用，通过移动终端传扬和展示畲族服饰文化，可以增加受众人群。而且随着高新技术的飞速前进，智能化系统以及移动终端不断更新拓展，其功能逐渐更加强大，宣传效果也会得到提升。

随着现代服饰工艺的更新发展，畲族传统服饰文化相应地受到冲击，服饰整体设计以及制作方式正在逐渐被取代。数字化保护为畲族传统服饰的保留提供了更多可能性。比如说，互动多媒体了解、虚拟博物馆体验、App 智能软件宣传等，都可以增加人们对于畲族传统服饰的了解以及兴趣；采用上述方式宣传展示，会让更多畲族服饰爱好人员更全面地了解服饰设计形式，结合当代人的设计理念，更好地将传统服饰与现代服饰相融合，增加传播方式。畲族服饰文化想要得到更好的传播与保护，可以借用新科技来增加助力，如此一来，传承工作可以更好地开展。

REFERENCES 参考文献

陈敬玉，2016. 浙闽地区畲族服饰比较研究［M］．北京：中国社会科学出版社．

李健民，2018. 福建畲族文化读本［M］．福州：海峡文艺出版社．

钟亮，2014. 畲族［M］．沈阳：辽宁民族出版社．

麻健敏，2013. 畲族［M］．北京：中国人口出版社．

张馨翌，杨小明，2019. 霞浦畲族女装服斗纹样题材及布局特征的探析［J］．服饰导刊，8（05）：
64-76.

陈今，2019. 闽东畲族女性传统文化传承探析［J］．宁德师范学院学报（哲学社会科学版），（03）：5-9.

陈敬土，张萌萌，2018. 畲族彩带的要素特征及其在当代的嬗变［J］．丝绸，55（06）：83-90.

陈然萱．畲族织锦带研究及其在当代服装设计中的创新应用［D］．北京：北京服装学院，2017：29-42.

陈秀免，2018. 福建畲族传统服饰纹样在青少年装设计中的应用［J］．西安工程大学学报，32（01）：
45-50.

陈栩，崔荣荣，2018. 福建畲族服饰刺绣工艺研究［J］．丝绸，55（05）：78-83.

陈栩，2017. 福建畲族服饰文化传承及发展［J］．服装学报，2（01）：55-60.

丁华，2019. 畲族非物质文化遗产保护分析［J］．中国民族博览，（10）：59-60.

丁笑君，邹楚杭，陈敬玉，等，2015. 畲族服装特征提取及其分布［J］．纺织学报，36（07）：110-115.

高云，2019. 福建畲族服饰制作工艺发展现状及保护传承困境［J］．四川民族学院学报，28（05）：
36-41.

高云，2017. 福建省畲族服饰制作工艺活态保护研究［J］．遵义师范学院学报，19（06）：156-159.

龚任界，2019. 霞浦畲族服饰的审美文化内涵［J］．艺术与设计（理论），2（04）：124-126.

何增炎，宋武，2019. 贵州畲族与闽东畲族服饰比较研究［J］．贵州民族研究，40（10）：94-99.

何增炎，宋武，2019. 闽东畲族服饰的文化内涵及其表征［J］．贵州民族研究，40（06）：75-79.

贺晓亚，2019. 畲族服饰研究［J］．国际纺织导报，47（05）：44-47.

黄鹏，2017. 景宁畲族文化遗产保护与旅游开发研究［D］．桂林：广西师范大学：12-21.

黄莹，2019. 客家汉族与畲族传统服饰品的装饰艺术与文化美学比较［J］．东华大学学报（社会科学
版），19（04）：381-385.

黄莹，2019. 客家汉族与畲族传统妇女服饰的艺术研究与对比分析［J］．佳木斯职业学院学报（04）：
221-222.

李凯，2018. 畲族服饰艺术视觉符号研究［J］．艺苑（03）：102-103.

张潇井，2018. 畲族典型服饰元素在服饰旅游品中的创新设计研究［D］．杭州：浙江理工大学：22-34.

李思洁，2015. 畲族服饰图案元素在现代服装设计中的应用研究［D］．杭州：浙江理工大学：9-16.

刘文，2018. 浙江景宁畲族服饰生产性保护研究［J］．传播力研究，2（22）：241.

刘文，2018. 浙江景宁畲族女性服饰特色研究［J］．纺织报告（07）：66-80.

吕亚持，方泽明．畲族服饰中传统元素的文化内涵以及应用研究［J］．贵州民族研究，2018，39（10）：
120-124.

吕亚持，方泽明，2018. 畲族服饰中传统元素的文化内涵以及应用研究［J］．贵州民族研究，39（10）：
120-124.

梅丽红，雷红香，胡丽娟，等，2018. 体验畲村风情彰显畲族文化——安亭打造活态博物馆新探索［J］．

中国民族博览（11）：216-218.

邱慧灵，2014. 畲族服饰文化符号的应用设计［D］. 杭州：浙江理工大学：11-18.

夏帆，蔡建梅，雷红香，2017. 畲族服装典型样式及特征探究［J］. 丝绸，54（04）：43-51.

信玉峰，李晶，张守用，2019. 闽西畲族服饰结构形制及文化内涵的研究［J］. 乐山师范学院学报，34（07）：91-133.

信玉峰，张守用，郑燕菲，2019. 畲族传统服饰元素在现代服装设计中的应用研究［J］. 景德镇学院学报，34（05）：81-85.

徐陈晨，2019. 畲族服饰的审美研究［D］. 西安：西安工程大学：14-20.

许宪隆，谢文强，2019. 畲族传统服饰的文化功能及变迁——基于敕木山村的实证调查研究［J］. 大理大学学报，4（07）：13-18.

闫晶，2019. 畲族服饰文化变迁及传承研究［D］. 无锡：江南大学：12-29.

姚琛，2019. 畲族民间造物艺术的保护与传承［J］. 广西民族师范学院学报，36（05）：18-21.

余美莲，2019. 畲族典型衣衫形制与结构特征［J］. 装饰（06）：120-123.

张君兰，2018. 江西畲族服饰产品开发的几点思考［J］. 中国民族博览（10）：190-191.

张萌萌，李方园，陈敬玉，2018. 江西省畲族传统服饰现状与传承保护［J］. 浙江理工大学学报（社会科学版），40（05）：510-517.

张民，2018. 我国传统服饰的审美意蕴与创新路径［J］. 开封教育学院学报，38（11）：237-239.

张守用，梁惠娥，信玉峰，2019. 福建畲族传统服饰数字化保护形式［J］. 服装学报，4（02）：117-120.